Compliancemanagement richtig implementieren und integrieren
1. Auflage

TÜV Media

Die ISO 37301 im IMS

Die ISO 37301 im IMS – Compliancemanagement richtig implementieren und integrieren

Autor:

Dr.-Ing. Wolfgang Kallmeyer
Partner der TÜV Rheinland Consulting GmbH

Bibliografische Informationen der Deutschen Nationalbibliothek
Die Deutsche Nationalbibliothek verzeichnet diese Publikation in der Deutschen Nationalbibliografie. Detaillierte bibliografische Daten sind im Internet über http://dnb.d-nb.de abrufbar.

ISBN 978-3-7406-0790-6 (Print)
ISBN 978-3-7406-0791-3 (E-Book)

Zur Nutzung der Broschüre

Vorschriften, Vorschriften, Vorschriften

Kein Unternehmen auf dieser Welt kommt ohne Berührung mit dem Thema Compliance aus. Rechtsvorschriften sind allgegenwärtig, sei es im Straßenverkehr, beim Betrieb von Anlagen oder bei der Produktion von Produkten und deren Auswirkungen in der Nutzungsphase. Von der Wiege bis zur Bahre ist der Weg mit Rechtsvorschriften und anderen Regeln gespickt, es beginnt mit der Geburtsurkunde und endet mit dem Totenschein, denn beide sind Rechtsakte, die auf gesetzlicher Grundlage des Staates beruhen.

Zielsetzung der Broschüre

In dieser Broschüre erfahren Sie, was die ISO mit der Managementsystemnorm ISO 37301:2021 „Compliance-Managementsystem" erreichen möchte, welche Ziele sie damit verfolgt und was alles unter Compliance-Verpflichtungen zu verstehen ist. Im Sinne der Norm sind damit nicht nur gesetzliche Vorschriften und Genehmigungen, also bindende Verpflichtungen, gemeint, sondern auch weitere Verpflichtungen externer Art, die von regelsetzenden Stellen erlassen werden. Darunter fallen z. B. Normen, Spezifikationen, technische Regeln, Vorschriften. Als dritte Säule kommen freiwillige Verpflichtungen des Unternehmens hinzu, z. B. Verträge, Patente, Mitgliedschaften in Organisationen oder interne Regeln in Form von Leitlinien, -fäden, Richtlinien, ethischen Grundsätzen, Verhaltenskodizes.

Wir geben einen Überblick über den Aufbau und die Struktur der Rechtsnormen in Deutschland und ihre Wechselwirkung mit dem Europäischen und dem Völkerrecht. Außerdem erläutern wir Ihnen, wie die Unternehmen in Deutschland in diese Rechtsstruktur eingebettet sind und wie man die für die Organisation relevanten Rechtsvorschriften ermittelt, systematisiert und deren Umsetzung organisieren kann. Dabei werden u. a. folgende Fragen beantwortet:

- Welche Bedeutung haben die beiden Teilgebiete „Legal Compliance" und „Corporate Compliance" für die Compliance?
- Welchen Einfluss hat die Compliancekonformität auf den Unternehmenserfolg?
- Was kann die Führung tun, um das Thema Compliance im Unternehmen zu managen, um den Unternehmenserfolg zu steigern?
- Wie trägt das Kano-Modell unter Berücksichtigung der Nachhaltigkeit zur Stakeholderzufriedenheit und zum Unternehmenserfolg bei?

Umsetzung der Forderungen

Im Weiteren erfahren Sie, wie Sie die Forderungen der ISO 37301 implementieren und in ein Integriertes Managementsystem (IMS) integrieren können, dass aus ISO 9001 (Qualität), ISO 14001 (Umweltschutz) und ISO 45001 (Arbeits- und Gesundheitsschutz) besteht. Das heißt, wo Sie mögliche Synergien mit anderen Managementsysteme nutzen können, um beim Aufbau des Compliance-Managementsystems (CMS) überflüssige Mehrarbeit zu vermeiden. Dazu haben wir Abschnitt 6 in Listenform aufgebaut. In der jeweiligen Liste werden zuerst die Forderungen der ISO 37301 genannt und dann werden Wege vorgestellt, wie Sie diese Forderungen in ein bestehendes IMS integrieren. Die dritte Position der Liste enthält praktische To-dos, wie und mit welchen Dokumenten man die Forderungen der ISO 37301 in das IMS integrieren kann. Die vierte Listenposition enthält ggf. spezielle Hinweise zur Umsetzung mit Erläuterungen oder Verweisen auf mitgeltende Anforderungen.

Arbeitshilfen

Wir unterstützen Sie rund um das Thema Compliancemanagement mit Arbeitshilfen und Mustern in Form von Formularen und Tabellen, die Ihnen beim Aufbau und bei der Integration der ISO 37301 in ein IMS hilfreich sein können. An geeigneter Stelle im Text weisen wir mit Klammersymbolen auf die jeweiligen Arbeitshilfen hin:

Verweismatrix_ 9001_14001_45001_ 37301.xlsx

Verweismatrix der Normen im betrachteten IMS

Die Arbeitshilfe „Verweismatrix_9001_14001_45001_37301" stellt über eine Verweismatrix die Normkapitel der Standards ISO 9001, ISO 14001, ISO 45001 und ISO 37301 in der Kapitelstruktur bis herab auf die dritte Gliederungsebene mit deren Gemeinsamkeiten sowie Unterschieden einander gegenüber.

Rechtsgebiete.xlsx

Übersicht der für deutsche Unternehmen relevanten Rechtsgebiete

In der Arbeitshilfe finden Sie eine alphabetische Aufstellung der gängigen Rechtsgebiete, die für Unternehmen in Deutschland im Rahmen ihres CMS von Bedeutung sein könnten.

Compliance_ Ermittlung.xlsx

Muster zur Ermittlung der Unternehmensaktivitäten

Die Arbeitshilfe ist ein Muster zur tabellarischen Erfassung der Rechts- und sonstigen Pflichten ausgehend von den Unternehmensaktivitäten. Sie kann als Vorlage zur eigenen Complianceermittlung genutzt werden. In einem ergänzenden Tabellenblatt finden Sie eine mögliche Zuordnung der unternehmensrelevanten Rechtsgebiete zu den Rechtsfeldern im CMS, die Sie an Ihr Unternehmen anpassen können

Kompatibilitäts-matrix_IMS.xlsx

Kompatibilität ISO 37301 zu ISO 9001, ISO 14001, ISO 45001

Die Arbeitshilfe stellt in einer Matrix die ISO 37301 den Standards ISO 9001, ISO 14001 und ISO 45001 gegenüber und gibt durch farbliche Kennzeichnung Hinweise über die Kompatibilität der grundlegenden Anforderungen im IMS.

R-Kataster.xlsx

Muster für ein Rechtskataster

Das Muster ist ein Beispiel für ein Rechtskataster in Tabellenform.

G-Kataster.xlsx

Muster für ein Genehmigungskataster

Das Muster ist ein Beispiel für ein Genehmigungskataster in Tabellenform.

P-Kataster.xlsx

Muster für ein Pflichtenkataster

Auch das beispielhafte Muster zur Erfassung von Pflichten aus dem Rechts- und Genehmigungskataster ist in Tabellenform ausgearbeitet.

RA_Nohl.xlsx

Muster für eine Matrix zur Compliancerelevanzanalyse nach Nohl

Die Methode nach Nohl nutzt zur Risikobewertung zwei Kriterien, zum einen die Wahrscheinlichkeit, dass sich das Risiko realisiert, und zum anderen den dadurch entstehenden Schaden (Schadenshöhe). Als Muster ist eine Matrix zur Compliancerelevanzanalyse nach Nohl beigefügt.

RA_FMEA.xlsx

Muster für eine Matrix zur Compliancerelevanzanalyse gemäß FMEA

Die Methode nach Nohl nutzt zur Risikobewertung zwei Kriterien, zum einen die Wahrscheinlichkeit, dass sich das Risiko realisiert, und zum anderen den dadurch entstehenden Schaden (Schadenshöhe). Dieses Kriterium berücksichtigt die Wirksamkeit bestehender Kontroll- oder Frühwarnmaßnahmen hinsichtlich Non-Compliance. Als Muster ist eine Matrix zur Compliancerelevanzanalyse gemäß FMEA beigefügt.

CMS-Kennzahlen-matrix.xlsx

Muster für eine CMS-Kennzahlenmatrix

Das Muster für eine CMS-Kennzahlenmatrix enthält einige Beispiele zur CMS-Datensammlung/Kennzahlen und kann hinsichtlich der betrieblichen Bedürfnisse angepasst werden.

Download

Die Arbeitshilfen stehen für Sie zum Download bereit unter:

www.qm-aktuell.de/60790-2/

Passwort: **22084**

Sie können die Dokumente frei bearbeiten und an Ihre eigenen betrieblichen Anforderungen anpassen.

Inhalt

1 Compliance im Wandel der Zeit

Rechtsvorschriften sind fast so alt wie die Menschheit. Ohne für alle verbindliche Rechtsnormen würde das Zusammenleben der Menschen wohl nicht funktionieren. Unsere Zivilisation, auf die wir so stolz sind, wäre ohne allgemeingültige Regeln in Form eines kodifizierten Rechtsverständnisses so nicht möglich. Das wusste schon der sumerische König Hammurapi I., Herrscher über das Großreich von Babylon, um 1792 vor Christus. Seine steinernen Gesetzesstelen und Tontafeln enthalten in Keilschrift mit dem Codex Hammurapi die erste überlieferte Gesetzessammlung der Menschheit, und was darin steht, kommt uns allen sehr vertraut vor, z. B.:

Früher

„Baut ein Baumeister ein Haus und macht es zu schwach, sodass es einstürzt und den Bauherrn tötet: Dieser Baumeister ist des Todes. Kommt ein Sohn des Bauherrn dabei um, so soll ein Sohn des Baumeisters getötet werden. Kommt ein Sklave dabei um, so gebe der Baumeister einen Sklaven von gleichem Wert. Wird bei dem Einsturz Eigentum zerstört, so ersetze der Baumeister den Wert und baue das Haus wieder auf."

Heute

Die moderne Version des Codex Hammurapi steht im § 823 Absatz 1 des Bürgerlichen Gesetzbuchs (BGB): *„Wer vorsätzlich oder fahrlässig das Leben, den Körper, die Gesundheit, die Freiheit, das Eigentum oder ein sonstiges Recht eines anderen widerrechtlich verletzt, ist dem anderen zum Ersatz des daraus entstehenden Schadens verpflichtet."*

Motive

Im rechtlichen Kontext fällt obiges Beispiel in den Bereich „Produkthaftung". Kein Unternehmen, das Produkte, seien sie materiell oder immateriell, herstellt, ist davon ausgenommen. Das Strafmaß war damals noch ursprünglicher am Ausmaß der Tat orientiert, aber auch die heutigen Strafen können ein Unternehmen und/oder seine Führungskräfte hart treffen. Auch die Zehn Gebote Moses' sind eine Sammlung von Regeln, um das Zusammenleben der Menschen zu erleichtern. Das zehnte Gebot lautet: *„Du sollst nicht begehren deines nächsten Haus, Hof, Vieh und alles, was sein ist."* Doch die Nachrichten dieser Welt sind täglich voll von Raub, Bestechung, Unterschlagung, Betrug und Korruption. Das zentrale Motiv dabei ist Habgier, etwas zu besitzen, das mir nicht gehört. Meist sind es monetäre Aspekte, die zu diesen Rechtsbrüchen verleiten. Es können aber auch Machtambitionen und Geltungssucht dabei eine Rolle spielen. Im Geschäftsleben spielt Habgier eine nicht zu vernachlässigende Rolle und ist häufig die Triebfeder für Rechtsbrüche bis in höchsten Unternehmensspitzen. Bespiele dafür sind Dieselgate 2015 oder faule Bankgeschäfte, die Auslöser für die Weltfinanzkriese 2008 waren.

Regelungsflut

Die Rechtsregeln des Hammurapi waren für seine Zeit schon sehr anspruchsvoll und vielfältig. Es bedurfte vieler Tontafeln, um sie zu dokumentieren. Die Zehn Gebote waren da schon fast spartanisch übersichtlich. Heutige Rechtsvorschriften und Regeln füllen weltweit Bibliotheken und/oder lasten ganze Rechenzentren aus. Darüber den Überblick zu behalten ist für einen einzelnen Menschen unmöglich. Auch große Organisationen benötigen dafür ganze Abteilungen mit rechtskundigen Spezialisten. Aber absolute Sicherheit gegen das Auftreten von Non-Compliance bietet das alles nicht, wie uns die Erfahrung lehrt.

Lösungsansatz Managementsystem!

Was in der Praxis häufig fehlt, ist der systematische Ansatz, mit diesem Thema proaktiv umzugehen. Das Thema muss gemanagt werden, und es muss im Fokus der obersten Leitung stehen. Was könnte dafür besser geeignet sein als ein Managementsystem. Bei diesen Worten höre ich schon das Aufstöhnen in den Chefetagen: Noch ein Managementsystem! Haben wir denn davon nicht schon genug? Doch dann sollte man sich die Frage stellen, ob gegen Unternehmen verhängte Milliardenstrafen und angeklagte, verurteilte und inhaftierte höchste Führungskräfte zukünftig zur Imagepflege und Kundengewinnung von Unternehmen dienen sollen. Oder ist es nicht so, dass Rechtskonformität eine Basisanforderung der Kunden an ein Unternehmen ist. Kein Kunde schreibt in seine Bestellung Rechtskonformität als besondere Anforderung, er setzt sie voraus.

Im Kern geht es doch darum, weshalb es so viele Gesetze und Vorschriften gibt. Es sind seit Hammurapis Zeiten ja nicht weniger geworden. Die Frage lässt sich aus Sicht von Juristen einfach beantworten, weil in unserer kleinteiligen, sehr dynamischen und vernetzten Welt ohne diese vielen Rechtsvorschriften das Zusammenleben der verschiedenen Gesellschaften und Nationen nicht funktionieren würde. Ob man in dem einen oder anderen Fall wirklich eine Rechtsvorschrift zu einem Thema braucht, darüber mag man trefflich streiten. Im Kontext macht der Wegfall einiger weniger Vorschriften die Aufgabe der Leitung, Rechtskonformität in einem Unternehmen sicherzustellen, aber auch nicht wirklich leichter.

Werkzeug zum Managen von Compliance

Weil das Thema Compliance so wichtig für das Ansehen und den Erfolg einer Organisation ist, hat die International Standard Organization (ISO) auf Wunsch der nationalen Normenorganisationen, auch der deutschen DIN, es als notwendig erachtet, den Organisationen und Unternehmen ein Werkzeug zum Managen von Compliance an die Hand zu geben, die ISO 37301:2021. Diese steht im Kontext mit anderen Managementsystemen, gleichberechtigt mit der ISO 9001 „Qualitätsmanagement", der ISO 14001 „Umweltmanagement" und/oder der ISO 45001 „Sicherheit und Gesundheit bei der Arbeit", um nur die drei bekanntesten und am häufigsten weltweit genutzten Managementsysteme zu nennen.

Management-system integrieren

Der ISO 9001 fällt in der Praxis im IMS häufig die Rolle des Leitsystems zu. Das Qualitätsmanagementsystem war das erste zertifizierfähige ISO-Managementsystem. Es ist seit 1987 aktiv und wurde bereits dreimal überarbeitet. Die letzte Revision stammt aus dem Jahr 2015. Wegen der wachsenden Bedeutung des Umweltschutzes wurde im Jahre 1996 mit der ISO 14001 das zweite Managementsystem auf den Markt gebracht. Sicherheit und Gesundheit bei der Arbeit bekamen erst 1999 durch die OHSAS 18001 eine Zertifizierungsgrundlage, die 2018 durch die ISO 45001 ersetzt wurde. Häufig findet man diese drei Systeme verbunden zu einem Integrierten Managementsystem (IMS) in den Unternehmen im Einsatz. Die Bedeutung dieser drei Managementsysteme für Unternehmen lässt sich auch an der Zahl der weltweiten Zertifizierungen erkennen. Sie machen in Summe mehr als 90 % aller Zertifizierungen aus.

2 Ziel und Zweck der ISO 37301:2021

„Wir sind nicht nur verantwortlich für das, was wir tun, sondern auch für das, was wir nicht tun." – Molière

Im Compliancemanagement bewegen wir uns zu einem nicht unerheblichen Teil im Bereich des Rechts. Gegen Rechtsnormen zu verstoßen wird mit Sanktionen seitens des Staates geahndet. Aber auch Nichthandeln, wenn die Pflicht zum Handeln besteht, erfüllt einen juristischen Tatbestand, den des Unterlassens; auch dies wird strafrechtlich sanktioniert. Und auch wenn wir gegen andere, nichtrechtliche Regeln verstoßen, zum Beispiel gegen Verträge oder Patente, kommen wir schnell wieder auf rechtliches Terrain. Das Zivilrecht mit den Vorschriften des BGB und des HGB sorgt in Deutschland dafür, dass wir für den Schaden des Geschädigten aufkommen müssen. Daneben gibt es aber bei Complianceverstößen noch weitere Schäden, deren finanzielles Ausmaß größer sein kann als das der rechtlichen, z. B. Imageschäden in der Öffentlichkeit, die ggf. auch die Existenz des Unternehmens gefährden können.

Wie kann ich es managen?

Sich mit dem Thema Compliancekonformität und der Frage *„Wie kann ich es managen?"* intensiv auseinanderzusetzen, sollte daher auf den Führungsetagen eine Selbstverständlichkeit sein. Um etwas zu managen, was nicht zum Kerngeschäft einer Organisation gehört, gibt es seit Ende der Achtzigerjahre von der ISO Unterstützung durch Managementsysteme. Seit 2021 gibt es die ISO 37301 „Compliance-Managementsystem" [1].

Was die Zielrichtung der ISO 37301 im Grundsatz ist, wurde in der Einleitung schon umrissen: die Rechtskonformität einer Organisation oder eines Unternehmens in Prozessen methodisch nachvollziehbar zu institutionalisieren. Doch die ISO 37301 macht nur Vorgaben, was in einem Compliance-Managementsystem zu regeln ist. Die Form der Umsetzung müssen die Unternehmen selbst bestimmen. Das methodische Vorgehen beim Aufbau von Managementsystemen sollte bei den meisten Unternehmen seit der Einführung anderer ISO-Managementsysteme wie der ISO 9001:2015 [2], der ISO 14001:2015 [3] oder der ISO 45001:2018 [4] bekannt sein.

Voraussetzung Compliancekultur

Für ein lebendiges CMS ist zuerst eine von der gesamten Belegschaft getragene Compliancekultur notwendig. Diese in der Organisation aufzubauen bedeutet viel Kommunikation in Form von Information, Schulung und Vorbildgeben. Complianceanforderungen beschränken sich nicht nur auf Teile einer Organisation, sondern betreffen in ihrer Querschnittsfunktion das gesamte Unternehmen. Das heißt, jeder Mitarbeiter ist davon betroffen. Unterschiedlich ist nur der Grad der Betroffenheit. Ein Staplerfahrer im Lager ist von Compliancevorschriften weniger betroffen als der Betriebsleiter oder der Geschäftsführer. Dass ein Mitarbeiter in einem Unternehmen keine Compliancevorschriften zu beachten hat, gibt es nicht. Dazu ist das Netz von rechtlichen Regelungen im Arbeits- und Umweltschutz in Deutschland zu dicht gesponnen.

Ein wirksames CMS versetzt die Organisation in die Lage, die Einhaltung einschlägiger Gesetze, regulatorischer Anforderungen (z. B. Genehmigungen oder Vertragsverpflichtungen), Industrie- oder anderweitiger Normen sowie freiwilliger Verpflichtungen (z. B. aus der Mitgliedschaft im Global-Compact-Netzwerk der UN) zu gewährleisten. Die Forderungen der ISO 37301 und die im Normanhang A dokumentierten Erläuterungen zur Verwendung der Norm geben den Unternehmen dafür eine große Hilfestellung. Zentrale Bausteine des betrieblichen CMS sind jedoch die Führung und die Mitarbeiter des Unternehmens, die das CMS täglich wirksam leben müssen.

Besondere Verantwortung der Leitung

Der Leitung kommt dabei eine besondere Verantwortung zu, da ihr Umgang mit den zentralen Werten der gesellschaftlichen Ethik und den allgemein anerkannten Normen der Good Governance (verantwortliche Unternehmensführung) als Vorbild für regelkonformes Verhalten für alle dient. So kann die Umsetzung von Maßnahmen zur Förderung von regelkonformem Verhalten bei den Mitarbeitern gelingen. Compliance trägt darüber hinaus zu einer Verbesserung des sozialverantwortlichen Verhaltens im Unternehmen bei. Gelingt dies der Leitung nicht, ist das Auftreten von Non-Compliance in der Organisation ein Stück wahrscheinlicher geworden. Abbildung 1 stellt in grafischer Form die Zusammenhänge eines CMS dar.

Zusammenhänge im CMS

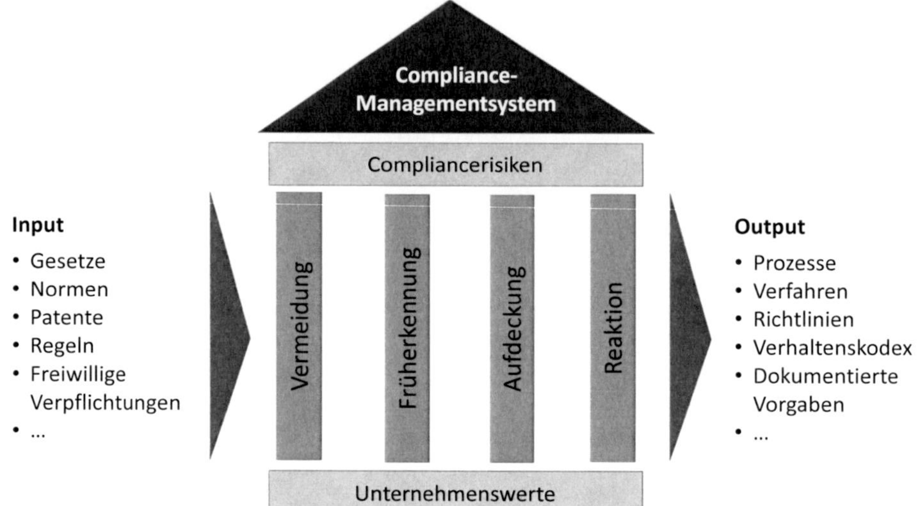

Abb. 1: Struktur eines Compliance-Managementsystems

Tragendes Gerüst aus vier Säulen

Das Compliance-Managementsystem eines Unternehmens gleicht einem Gebäude auf vier Säulen. In das Gebäude hinein kommen die Complianceforderungen aus den unterschiedlichsten Quellen, die dem Kontext der Organisation zuzurechnen sind. Das Fundament des Gebäudes sind die Werte und die Kultur des Unternehmens. Je fester dieses Fundament auf gesellschaftlich akzeptierten ethischen Grundsätzen beruht, desto geringer ist die Anfälligkeit der Organisation für Non-Compliance. Das tragende Gerüst des Gebäudes besteht aus den vier Säulen:

- Vermeidung von Non-Compliance durch Maßnahmen der Prävention
- Rechtzeitiges Erkennen von Non-Compliance durch Frühwarnmaßnahmen
- Aufdeckung von Non-Compliance durch regelmäßige Controllingaktivitäten
- Zielorientierte Reaktionen zur schnellen Beseitigung von Non-Compliance

Dachkonstruktion

Diese vier Säulen tragen dafür Sorge, dass die Statik der Dachkonstruktion die Compliancerisiken der Organisation sicher trägt. Damit dieses Gebäude seine Sicherheitsfunktionen erfüllt, generiert das Managementsystem die dazu notwendigen Vorgaben in Form von dokumentierten Prozessen, Verfahren, Richtlinien und anderen notwendigen Dokumenten zur Umsetzung, Überwachung und Weiterentwicklung des CMS.

Ergebnisse

Die Norm soll aktiv dazu beitragen, das Unternehmen und seine Leitung bei der Entwicklung, Implementierung und Weiterentwicklung einer funktionsfähigen Compliancekultur zu unterstützen. Dies umfasst das wirksame Management von Compliancerisiken, das in der Lage ist, folgende Ergebnisse zu erzeugen:

- Förderung von Businesserfolgen
- Stärkung des Ansehens und der Glaubwürdigkeit des Unternehmens
- Erfüllen der Erwartungen interessierter Parteien (wo immer möglich)

Ziel und Zweck

- Verpflichtung der Organisation, ihre Compliancerisiken wirksam zu managen
- Stärkung des Vertrauens externer Parteien in den nachhaltigen Erfolg der Organisation
- Minimieren des Risikos eines Complianceverstoßes
- Vermeiden von hohen Kapital- und Imageschäden durch Non-Compliance

Das Ergebnis der Bemühungen ist das Vermitteln von Integrität mit ethischen Grundsätzen und gesellschaftlichen Normen nach innen wie nach außen, um das gegenseitige Vertrauen zu stärken, sodass ein solides Managen von Compliancerisiken auch als Chance für das Unternehmen und seine Führung begriffen werden kann.

Grundelemente

Die Grundstruktur eines CMS nach ISO 37301 folgt den bekannten Vorgaben anderer ISO-Managementsysteme. Zu den Grundelementen gehören:

- Compliancekultur
- Complianceziele
- Compliancerisiken
- Complianceprogramm
- Complianceorganisation
- Compliancekommunikation
- Complianceüberwachung

Mittels definierter verbindlicher Regelungen zu den in der Aufzählung genannten Themen können der Aufbau, die Umsetzung, die Aufrechterhaltung und die Verbesserung eines wirksamen CMS gelingen. Um das Rad dabei nicht mehrfach neu zu erfinden, können Elemente und Strukturen bereits implementierter Managementsysteme des IMS für das CMS partiell genutzt werden.

3 Die ISO 37301, Harmonized Structure und Integration

High Level Structure (HLS)

In den letzten 20 Jahren wurde eine Vielzahl an Managementsystemnormen von der International Organization for Standardization (ISO) neu entwickelt oder überarbeitet und anschließend publiziert. Die ISO 37301 ist nur eine davon. Da viele Unternehmen inzwischen mehr als ein Managementsystem in Form eines Integrierten Managementsystems (IMS) unterhalten, gab es die Forderung der nationalen Normenorganisationen an die ISO, diese Normen einer Standardisierung zu unterziehen, damit integrierte Managementsysteme von den Organisationen mit weniger Aufwand implementiert und umgesetzt werden können. Diesen Wunsch erfüllte die ISO im Jahre 2013 mit der ISO/IEC-Direktive, Teil 1, Konsolidierte ISO-Ergänzungen, Anhang SL („Annex SL"), Anlage 2. Sie bildet die Grundlage für die High Level Structure (HLS) der ISO.

Harmonized Structure (HS)

Im Mai 2021 wurde der Annex SL einer Revision unterzogen, aus der High Level Structure (HLS) wurde die Harmonized Structure (HS). Die Änderungen in der HS sind recht geringer Natur und werden in die Managementsystemnormen eingearbeitet, die nach der Revision im Mai 2021 neu geschaffen oder einer Revision unterzogen werden. Damit fällt die ISO 37301 vom November 2021 als eine der ersten Managementsystemnormen unter die neue HS. Managementsystemnormen wie die ISO 9001:2015, ISO 14001:2015 oder ISO 45001:2018 unterliegen noch der alten HLS und werden erst mit der nächsten Revision auf die neue HS umgestellt. Hinsichtlich der operativen Integration der ISO 37301 in ein IMS aus ISO 9001/14001/45001 ergeben sich daraus keine Hindernisse.

Einheitliche Gliederung

Wesentliches Merkmal der HS ist eine weitgehend einheitliche Gliederungsstruktur bei den Normenkapiteln auf der ersten Gliederungsebene. Diese Vereinheitlichung setzt sich zum Teil auch auf der zweiten Gliederungsebene fort. Zu den Unterkapiteln auf der zweiten Ebene können noch diverse weitere Unterkapitel auf der dritten und ggf. der vierten Gliederungsebene hinzukommen. Die dritte und die vierte Gliederungsebene enthalten in der Regel die normenspezifischen Detailregelungen der einzelnen Systeme. Die Unternehmen sind aber nicht gezwungen, die HS in die Struktur ihres integrierten Managementsystems zu übernehmen. Eine Verweismatrix zwischen der eigenen firmenspezifischen Managementsystemstruktur und der HS ist in einem solchen Fall aber hilfreich.

Vereinfachung der Integration

Die ISO verfolgt mit der HS (wie auch schon mit der HLS) den einheitlichen Gebrauch von gemeinsamer Kapitelstruktur, Kerntexten, Begriffen und Definitionen sicherzustellen. Die Vorteile der neuen HS-Struktur sind vor allem ein reduzierter Aufwand bei der Pflege und Implementierung weiterer Managementsystemnormen in ein IMS und eine wesentliche Erleichterung der Umsetzung, da es zu keinen Widersprüchen und Überlappungen zwischen den Anforderungen der verschiedenen Managementsystemnormen kommen kann.

Zehn Hauptkapitel

Die Struktur der neuen ISO 37301 folgt den Vorgaben der HS. Auf der ersten Gliederungsebene gibt es die zehn üblichen Hauptkapitel (wie in der HLS):

1. Anwendungsbereich
2. Normative Verweisungen
3. Begriffe
4. Kontext der Organisation
5. Führung
6. Planung
7. Unterstützung

8. Betrieb
9. Bewertung der Leistung
10. Verbesserung

Die für die Anwendung der Norm wichtigen operativen Hauptkapitel sind die Normkapitel 4 (Kontext der Organisation) bis 10 (Verbesserung).

Abbildung 2 zeigt in einer Übersicht die Kapitelstruktur der ISO 37301 auf den ersten beiden Gliederungsebenen.

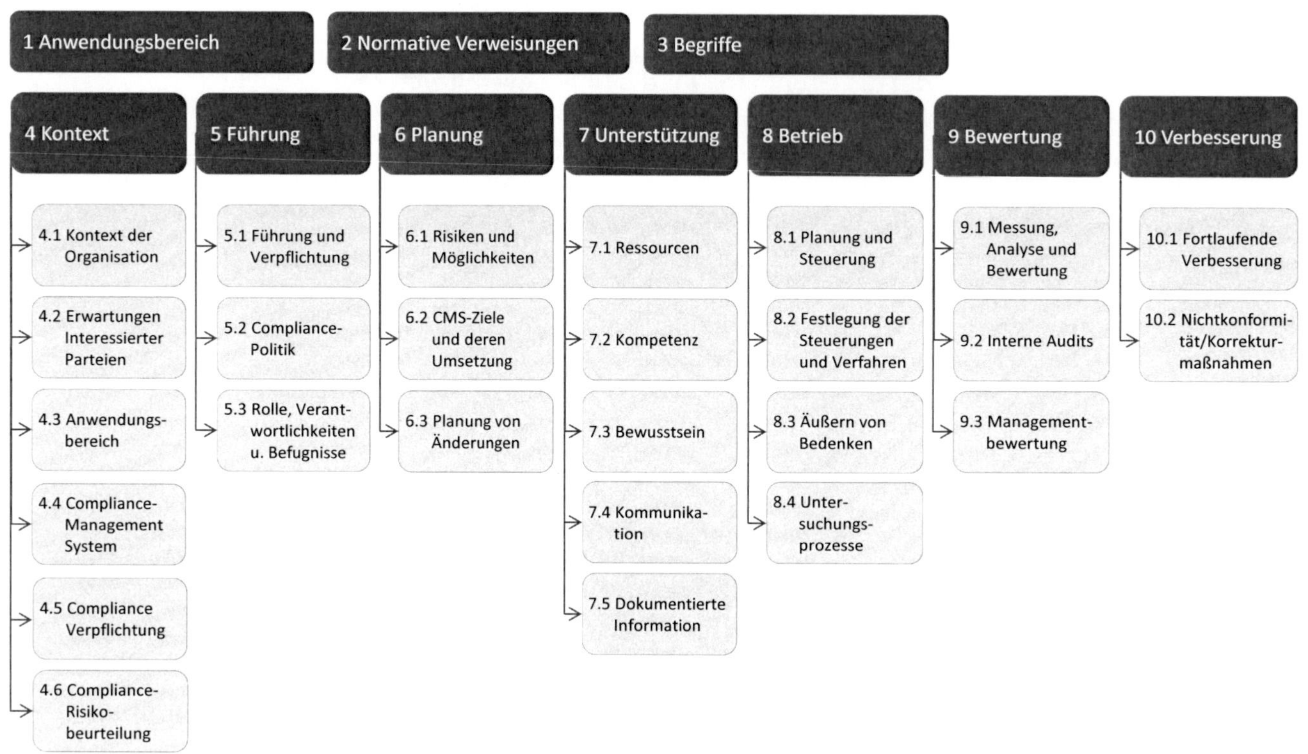

Abb. 2: Übersicht über die Gliederung der ISO 37301

Kontext

Im Hauptkapitel 4 „Kontext" sind die ersten vier Unterkapitel (4.1 bis 4.4) thematisch mit den anderen drei Normen identisch. Die beiden Normkapitel 4.5 und 4.6 sind Besonderheiten der ISO 37301 und beschreiben den grundsätzlichen Umgang mit Complianceanforderungen.

Führung

In Hauptkapitel 5 „Führung" sind alle Unterkapitel auf der zweiten Gliederungsebene der vier genannten Managementsystemnormen identisch.

Planung

Gleiches gilt im Hauptkapitel 6 „Planung" für die ersten beiden Unterkapitel 6.1 in 6.2. Das Normkapitel 6.3 (Planung von Änderungen) ist neben der der ISO 37301 auch Bestandteil der ISO 9001 (6.3).

Unterstützung

Das Hauptkapitel 7 „Unterstützung" ist wieder in allen vier Normen mit seinen fünf Unterkapiteln vorhanden.

Betrieb

Im Hauptkapitel 8 „Betrieb" sind die ersten beiden Unterkapitel für alle vier Normen des gewählten IMS vergleichbar. Die Normkapitel 8.3 und 8.4 sind Spezialitäten der ISO 37301, sie befassen sich mit dem Erkennen und Behandeln von Compliancerisiken.

Bewertung/ Verbesserung

Die beiden letzten Hauptkapitel 9 „Bewertung der Leistung" und 10 „Verbesserung" sind von der thematischen Kapitelstruktur her wieder im IMS vergleichbar. Unterschiede gibt es in Normkapitel 9 und 10 an zwei Stellen. In der ISO 9001, ISO 14001 und ISO 45001 ist ein

Normkapitel 9.1 (Allgemeines) vorgeschaltet, und die Normkapitel 10.1 und 10.2 sind gegenüber den anderen drei Normen in der Reihenfolge vertauscht. Durch diese Änderung unterstreicht die HS, dass der fortlaufenden Verbesserung und damit der Fehlervermeidung der Vorrang vor der Korrektur von Fehlern eingeräumt wird.

Compliance ist (k)eine Insel

In der Regel wird das Compliancemanagement nicht als Insellösung in ein Unternehmen implementiert, sondern als Bestandteil eines größeren Verbundes von Managementsystemen. Um die Einordnung der ISO 37301 in ein IMS zu verdeutlichen, ist ein Beispiel-IMS, bestehend aus den in Deutschland am meisten angewendeten ISO-Managementsystem, ausgewählt worden. Das IMS besteht aus der ISO 9001 (Qualität), der ISO 14001 (Umwelt), der ISO 45001 (Sicherheit und Gesundheit bei der Arbeit) und neu der ISO 37301 (Compliance). Es können ggf. noch weitere Managementsysteme wie die ISO 50001 (Energie) oder ISO 27001 (Informationssicherheit) hinzukommen. Eine Übersicht über die Kapitelstruktur aller betrachteten Normen des IMS bis auf die dritte Gliederungsebene und deren Gemeinsamkeiten sowie die Unterschiede ist über eine Verweismatrix aller vier Normen möglich.

Verweismatrix_9001_14001_45001_37301.xlsx

In der beigefügten Arbeitshilfe sind die Normkapitel der IMS-Standards ISO 9001, ISO 14001, ISO 45001 und ISO 37301 einander gegenübergestellt.

4 Bindende Verpflichtungen einer Organisation

4.1 Was versteht die Norm unter „bindenden Verpflichtungen"

Vier Grundtypen

Regelsetzende Anforderungen gibt es im gesellschaftlichen und wirtschaftlichen Leben an vielen Stellen in der Welt. Sie entwickeln ihren Geltungsbereich auf nationaler wie auf internationaler Ebene. In der Praxis unterscheidet man bei den regelsetzenden Anforderungen in den ISO-Normen vier Grundtypen:

1. Rechtsvorschriften wie Gesetze, Verordnungen, Satzungen, die von staatlichen Stellen erlassen werden und somit bindende Wirkung für alle in ihrem Anwendungsbereich entfalten. Bei Nichteinhaltung drohen Sanktionen wie Schadensersatz, Strafzahlungen oder Bußgelder für Firmen sowie Geld- und Haftstrafen für Führungskräfte.
2. Genehmigungen, Befugnisse und Erlaubnisse, die einerseits Rechte einräumen, etwas zu tun, was sonst verboten wäre, aber ggf. auch Auflagen (z. B. Lärm- oder Emissionsgrenzwerte) für den Inhaber dieser Rechtsdokumente festlegen. Auch bei Verstößen gegen sie drohen der Entzug oder Einschränkungen von Genehmigungen und Zulassungen.
3. Normen (national, EU-weit, international), Spezifikationen, techn. Regeln, DGUV-Regelwerk usw. machen Vorgaben zur Umsetzung oder Ausführung von Tätigkeiten, Produkten und Prüfungen. Die nichtrechtlichen Vorgaben zielen auf die Harmonisierung von Produkten und Verfahren und sind wichtige Voraussetzung für den globalen Austausch von Waren und Dienstleistungen. In vielen Fällen haben sie aber auch produkthaftungstechnische Bedeutung, da sie häufig den Stand der Technik hinsichtlich der Produktsicherheit definieren. Verstöße gegen Normen und Co. haben häufig rechtliche Folgen, z. B. Produkthaftung, Gewährleistungspflichten oder Schadensersatz.
4. Patente, Verträge, Satzungen und Mitgliedschaften in Vereinen und Verbänden sind freiwillige Verpflichtungen einer Organisation. Die Nichteinhaltung führt ggf. zu Sanktionen, welche in Verträgen oder Satzungen geregelt sind, oder es entstehen rechtliche Haftungen, z. B. Schadensersatz, Bußgelder oder Unterlassungen von Handlungen (z. B. bei Patentverletzungen).

Regelsetzende Anforderungen der IMS-Normen

Für die dem CSM zugrunde liegenden drei ISO-Managementsystemnormen gibt es in jeder Norm rechtliche wie nichtrechtliche regelsetzende Anforderungen, die erfüllt werden müssen. Die wesentlichen regelsetzenden Anforderungen der ISO 9001, ISO 14001 und ISO 4500 werden in den folgenden drei Abschnitten vorgestellt.

***Anmerkung**: Die genannten regelsetzenden Anforderungen sind eine Auswahl, Vollständigkeit kann nicht garantiert werden.*

4.1.1 Regelsetzende Anforderungen in der ISO 9001:2015

Kundenorientierung

Der Bezug zu regelsetzenden Anforderungen leitet sich im Qualitätsmanagement aus Normkapitel 5.1.2 „Kundenorientierung" ab. Abschnitt a beschreibt: *die Anforderungen des Kunden und zutreffende gesetzliche und behördliche Anforderungen müssen erfüllt werden.* Im Gegensatz zu den Ausführungen der ISO 14001 und 45001 hinsichtlich einzuhaltender Rechtsvorschriften ist das schon ein minimalistischer Ansatz, wenn man bedenkt, dass sich dahinter die beiden Rechtskomplexe Produkthaftung und Produzentenhaftung verbergen.

Anforderungen an Produkte und Dienstleistungen

Die regelsetzenden Anforderungen im Qualitätsmanagement sind die rechtlichen Anforderungen an Produkte und Dienstleistungen bezüglich ihrer Zulassung zum Inverkehrbringen (Marktzugang). Davon betroffen sind viele Produkte und Dienstleistungen, von denen bei ihrer Nutzung eine Gefährdung für den Nutzer, aber auch für Dritte und die Umwelt ausgehen kann. Zu nennen wären u. a.:

- Kraftfahrzeuge und andere Verkehrsmittel und deren Zulassung
- Medizinprodukte und deren Herstellung
- Lebensmittel und deren Verarbeitung
- Maschinen, Anlagen und deren Herstellung
- Bauprodukte und deren Anwendung
- Brandtechnische Anlagen und Systeme und deren Anwendung
- Fachbetriebspflicht zur Ausführung bestimmter Gewerke
- Verpflichtende Fachkundeanforderungen an die Person zur Ausführung bestimmter Tätigkeiten
- weitere Produkt- oder Dienstleistungsanforderungen

Europa und die Welt

Besonders hervorzuheben sind rechtliche Anforderungen aus der EU, die gerade im Produktbereich zunehmend das nationale Recht der Mitgliedstaaten ersetzen und harmonisieren. Auch Verfahren zur Selbstkontrolle wie die CE-Konformitätserklärung der EU stellen hohe Anforderungen an die Unternehmen. Für Organisationen, die ihre Produkte im Ausland, auch außerhalb der EU, auf den Markt bringen, sind natürlich die rechtlichen Anforderungen des Empfängerlands zu berücksichtigen. Im Konsumgüterbereich können ggf. zahlreiche ausländische Rechtsvorschriften für ein Produkt zu berücksichtigen sein. Was Organisationen bei einer Nichtbeachtung rechtlicher Anforderungen droht, sieht man am Beispiel des Dieselgate-Skandals von VW in den USA. Aber auch deutsche Medikamentenhersteller haben schon unangenehme Erfahrungen mit der amerikanischen Justiz gemacht. Die Summen, die dort als Strafe oder Schadensersatz verhandelt werden, übertreffen die in Deutschland um ein Vielfaches.

Noch mehr als rechtliche Anforderungen an Produkte und Dienstleistungen gibt es solche in Normen und Spezifikationen auf nationaler und internationaler Ebene, die die Art der Ausführung und Kontrolle von Produkten regeln. Neben den in Deutschland bekannten DIN-Normen sind das in erster Linie die harmonisierten Normen der EU, die bei vielen Produkten die nationalen Regelwerke abgelöst haben. Darüber hinaus gelten natürlich bei Exporten in Nicht-EU-Länder die Normen und Spezifikationen des Empfängerlands. Eine Nichteinhaltung dieser Regeln am eigenen Produkt kann auch dort zu Haftungsrisiken führen. Zu beachten ist dabei, dass außerhalb der EU das Produkthaftungsrecht sehr unterschiedlich hinsichtlich rechtlicher Risiken und des daraus resultierenden Strafmaßes sein kann.

4.1.2 Regelsetzende Anforderungen in der ISO 14001:2015

Bindende Verpflichtung

In der ISO 14001:2015 wird der Bezug zur Erfüllung bindender Verpflichtungen über das gleichnamige Normkapitel 6.1.3 „Bindende Verpflichtung" hergestellt. Es schreibt bezüglich des Umgangs mit den zutreffenden bindenden Verpflichtungen vor, diese zu bestimmen, anzuwenden und einzuhalten. Darüber sind dokumentierte Informationen zu führen.

Hinsichtlich der Zahl regelsetzender Anforderungen ist das Umweltmanagementsystem eines der am stärksten betroffenen Managementsysteme. In der Bundesrepublik Deutschland gelten neben Bundesgesetzen und deren nachrangigen Verordnungen auch noch Landesgesetze und Verordnungen

Bindende Verpflichtungen

sowie kommunale Satzungen. Übergeordnet gelten die Umweltregeln des Völkerrechts, z. B. die Klimarahmenkonvention. Von zunehmender Bedeutung sind die Bemühungen der EU, die Umweltschutzvorgaben in den Mitgliedstaaten zu harmonisieren. Über EU-Verordnungen (gelten unmittelbar in allen Mitgliedstaaten) und EU-Richtlinien (müssen in nationales Recht der Mitgliedstaaten umgesetzt werden) werden viele Umweltbelange zunehmend harmonisiert in der gesamten Gemeinschaft umgesetzt. Als wichtige Regelungsfelder sind der Klimaschutz und der Gewässerschutz zu nennen.

Verwaltungsvorschriften

Für das Umweltrecht haben die Verwaltungsvorschriften eine besondere Bedeutung. Verwaltungsvorschriften enthalten Vorgaben, wie z. B. öffentliche Verwaltungen Genehmigungsverfahren umzusetzen haben. Genehmigungen für den Betrieb von Anlagen nach dem Immissionsrecht, oder Einleitebedingungen für Abwasser im Rahmen des Wasserrechts bilden mit den Genehmigungsbescheiden und den darin enthaltenen Nebenbestimmungen (Auflagen zum Betrieb und Setzen von Grenzwerten) einen wesentlichen Teil der einzuhaltenden Anforderungen im Umweltschutz. Der Check, ob Nebenbestimmungen von Genehmigungen auch eingehalten werden (z. B. Grenzwerte), gehört daher zu den regelmäßigen Aufgaben eines Unternehmens.

Rechtsbereiche

Das Umweltrecht gliedert sich in verschiedene Rechtsbereiche auf, die zum Teil untereinander in Wechselwirkung stehen und Bezug aufeinander nehmen. Wesentliche Rechtsbereiche, die im UMS berücksichtigt werden müssen, sind:

- Immissionsrecht
- Wasserrecht
- Abfallrecht
- Chemikalien- und Gefahrstoffrecht
- Boden- und Altlastenrecht
- Naturschutzrecht

Bei den Zuständigkeiten von Bund und Ländern gibt es viele Überschneidungen. Eine klare Zuordnung bzw. Verteilung der Kompetenz ist je nach Rechtsgebiet häufig erst nach Prüfung im Einzelfall möglich. Jedoch liegt die Rahmenrichtlinienkompetenz für alle Umwelt-Rechtsgebiete beim Bund.

Beauftragte

Eine Besonderheit im Umweltrecht ist die Bestellung von gesetzlich geforderten Beauftragten, wenn in einem Rechtsgebiet von dem Unternehmen eine größere Gefährdung ausgeht. Nach bundesdeutschem Recht sind dafür nach Rechtsgebieten zu benennen

- Immissionsschutzbeauftragte,
- Gewässerschutzbeauftragte,
- Abfallbeauftragte und
- Gefahrgutbeauftragte.

Die Beauftragten haben gegenüber der Organisation beratende Funktion hinsichtlich der zutreffenden rechtlichen Anforderungen und ihrer Umsetzung in der Organisation. Verstöße gegen regelsetzende Auflagen im Umweltrecht können, wie im Produkthaftungsrecht, zu Haftungsrisiken für die Organisation, aber auch für deren Führungskräfte (strafrechtliche Relevanz) führen.

4.1.3 Regelsetzende Anforderungen in der ISO 45001:2018

Der Normenbezug zu regelsetzenden Anforderungen in der Arbeits- und Gesundheitsschutznorm ISO 45001 ergibt sich aus Normkapitel 6.1.3 „Bestimmung rechtlicher Verpflichtungen und anderer Anforderungen". Wie in der ISO 14001 lautet auch in diesem Fall die Forderung, die aktuellen rechtlichen Anforderungen zu ermitteln, anzuwenden, zu kommunizieren und dokumentierte Informationen darüber zu führen.

Regelsetzende Akteure

Die regelsetzenden Anforderungen im Arbeits- und Gesundheitsschutz sind vergleichbar umfangreich wie die im Umweltmanagement. Die Zahl der Akteure, die solche Regeln aufstellen, ist jedoch geringer. Die wesentlichen Regelungen in Deutschland sind Sache der Bundesgesetzgebung. Allerdings nimmt die EU zunehmend Einfluss auf die Sicherheit und Gesundheit bei der Arbeit in den Nationalstaaten. Dritter Akteur bezüglich der Regeln zum Arbeits- und Gesundheitsschutz in Deutschland sind die gesetzlichen Unfallversicherungen, die Teilaufgaben der Berufsgenossenschaften im Hinblick auf Arbeitsschutzregelungen übernommen haben. Zwei große Regelungsbereiche sind im Rahmen rechtlicher Anforderungen im Arbeits- und Gesundheitsschutz zu unterscheiden:

- Der Bereich des Arbeits- und Sozialrechts, der im Kern die Mitbestimmung, Arbeitszeiten und Urlaub, Sonn- und Feiertagsbeschränkungen sowie Jugendarbeits- und Mutterschutz umfasst.
- Umfangreicher ist der Bereich der Sicherheit und Gesundheit bei der Arbeit. Kern dieses Rechtsbereichs sind das Arbeitsschutzgesetz und eine große Zahl an nachrangigen Verordnungen mit spezifischen Detailregeln (z. B. Arbeitsstättenverordnung oder Betriebssicherheitsverordnung) sowie Rechtsvorgaben zur Produktsicherheit (Produktsicherheitsgesetz und nachfolgende Verordnungen) und zum Gesundheitsschutz zur Vorbeugung gegen berufsbedingte Erkrankungen.

Regelwerk der DGUV

An regelsetzenden Vorgaben gibt es zur Sicherheit und Gesundheit bei der Arbeit in Deutschland das Regelwerk der DGUV (Deutsche Gesetzliche Unfallversicherung). Dieses unterteilen sich in vier Gruppen:

- DGUV Vorschriften
- DGUV Regeln
- DGUV Informationen
- DGUV Grundsätze

Das DGUV-Regelwerk gibt Anleitungen und Verhaltensregeln für eine Vielzahl von Arbeitstätigkeiten in fast allen Branchen.

Technische Regeln

Im Arbeits- und Gesundheitsschutz gibt es in Deutschland noch eine weitere wesentliche Säule mit regelsetzenden Vorgaben, die Technischen Regeln. Sie sind in Gruppen gegliedert (z. B. Regeln zu Gefahrstoffen, Betriebssicherheit, Anlagensicherheit oder wassergefährdenden Stoffen) und geben detaillierte Hinweise zum Umgang mit gefährlichen Stoffen, Arbeitsmitteln, zu Sicherheitsprüfungen von Arbeitsmitteln usw. Die Technischen Regeln und das DGUV-Regelwerk haben zwar keinen rechtlichen Charakter, aber im Hinblick auf Rechtsverstöße, die durch die Nichtbeachtung dieser beiden regelsetzenden Vorgaben entstehen, werden sie als Stand der Technik angesehen. Dies führt zu den gleichen Folgen wie im Produkthaftungsrecht ein Verstoß gegen Produktausführungsnormen: Wer den Stand der Technik nicht einhält, verletzt schuldhaft seine Sicherungspflichten.

Beauftragte

Auch im Arbeits- und Gesundheitsschutz gibt es, wie im Umweltrecht, gesetzliche Beauftragte, die die Aufgabe haben, die Organisation hinsichtlich Inhalte und Umsetzung der regelsetzenden Forderungen zu beraten. Der wichtigsten Beauftragten im Arbeits- und Gesundheitsschutz sind Sicherheitsfachkraft (SIFA), Sicherheitsbeauftragter und Betriebsarzt. Sie sind durch die Organisation zu bestellen.

4.2 Gliederung des Rechts in Rechtsgebiete

4.2.1 Allgemeines

Das deutsche Recht ist eingebettet in das Völkerecht und das EU-Recht. Beide Rechtsrahmen beeinflussen das Recht der Bundesrepublik Deutschland. Das deutsche Recht unterteilt sich in das Privat- oder Zivilrecht und das öffentliche Recht. Das öffentliche Recht wiederum gliedert sich in Straf- und Verwaltungsrecht. Das Strafrecht wird dabei häufig als eigenständiges Rechtsgebiet angesehen. Abbildung 3 gibt eine Übersicht über die Rechtsordnungen.

Struktur der Rechtsordnung

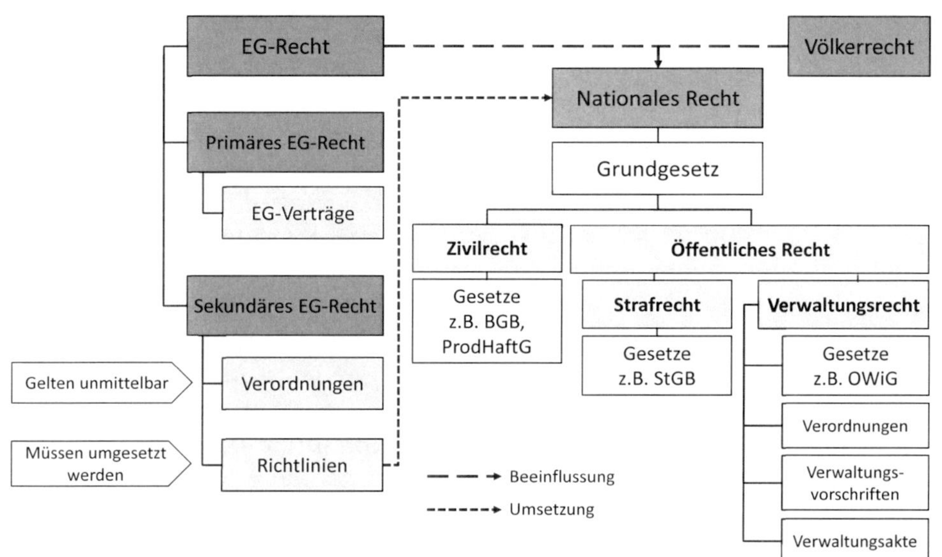

Abb. 3: Struktur der Rechtsordnung Deutschland und EU

Die Unterscheidung in Zivilrecht und öffentliches Recht richtet sich nach den Beteiligten. Im Zivilrecht stehen sich gleichberechtigte Rechtsträger gegenüber. Das öffentliche Recht regelt Rechtsbeziehungen zwischen Hoheitsträgern und Rechtssubjekten, also natürlichen Personen (Bürger) oder juristischen Personen (Unternehmen) und staatlichen Organen.

Zivilrecht, Strafrecht, Verwaltungsrecht

Aus der Unterscheidung des Rechts in die drei Bereiche Zivilrecht, Strafrecht und öffentliches Recht folgt auch die unterschiedliche Behandlung menschlichen Verhaltens in jedem der Bereiche.

- Das Zivilrecht ist auf die Herbeiführung eines Schadensausgleichs in Form von Schadensersatz zwischen Rechtssubjekten gerichtet (natürliche und juristische Personen).
- Das Strafrecht belegt menschliches (Fehl-)Verhalten mit Sanktionen in Form einer Geld- oder Freiheitsstrafe (natürliche Personen).
- Das Verwaltungsrecht ist auf die Sanktionierung bei Verletzung des Ordnungsrechts in Form von Bußgeld gerichtet, aber auch auf das Erteilen einer Genehmigung (z. B. Baugenehmigung) oder das Festlegen der Befugnisse der Verwaltung (natürliche und juristische Personen).

Entscheidend ist, dass durch ein und dieselbe Handlung bzw. ein Unterlassen alle drei Bereiche des Rechts betroffen sein können und sich somit gleichzeitig Konsequenzen in zivilrechtlicher, strafrechtlicher und verwaltungsrechtlicher Hinsicht ergeben können. Die Einordnung eines rechtlich relevanten Geschehens in eines der drei Rechtsgebiete ist entscheidend für die Folgen dieses Geschehens, insbesondere für die Geltendmachung von Ansprüchen und die Verteidigung dagegen.

4.2.2 Deutsches Recht

Grundgesetz

Oberste Instanz im nationalen Recht ist das Grundgesetz. Es ist als geltende Verfassung die rechtliche und politische Grundordnung in Deutschland. Im Grundgesetz sind die grundsätzlichen Vorgaben zu Demokratie, Sozialstaat, Bundesstaat und wesentlichen Rechtsstaatsprinzipien vereint. Besondere Bedeutung haben die im Grundgesetz festgelegten Grundrechte. Grundrechte stellen unmittelbar geltendes Recht dar. Alle Staatsgewalten (Legislative, Exekutive und Judikative) sind an die Achtung der Grundrechte gebunden. Diese Verpflichtung des Staates gilt für den Bund ebenso wie für die Länder oder die Kommunen. Die Grundrechte bilden die objektive Grundlage für verfassungsrechtliche Entscheidungen.

Rangordnung der Gesetze

Nachrangig zum Grundgesetz finden in Deutschland Gesetze, Verordnungen und Verwaltungsvorschriften Anwendung. Die deutsche Rechtsordnung ist hierarchisch gegliedert. Die Rangfolge in der Gliederung ergibt sich aus dem Verfassungsrecht. Maßgeblich ist, dass nachrangiges Recht nicht gegen höherrangiges Recht verstoßen darf. So dürfen die Regelungen der einzelnen Gesetze, z.B. des Bürgerlichen Gesetzbuches (BGB), nicht gegen das Grundgesetz verstoßen. Regelungen in Verordnungen dürfen nicht gegen übergeordnete Gesetze und damit auch nicht gegen das Grundgesetz verstoßen.

Bundes- und Landesgesetze

Der Bund hat die Gesetzgebungskompetenz für die meisten wichtigen Rechtsbereiche. Bis zur Föderalismusreform von 2006 galt stets der Vorrang von Bundesgesetzen vor Landesgesetzen. Inzwischen haben die Gesetze des Bundes und der Länder untereinander prinzipiell den gleichen Geltungsrang. Es gilt aber weiterhin bei sich überschneidenden Rechtsvorschriften der Grundsatz: Bundesrecht bricht Landesrecht. Bundesgesetze werden vom Bund in einem förmlichen Gesetzgebungsverfahren erlassen und erfordern die Mitwirkung verschiedener Verfassungsorgane, vor allem Bundestag und Bundesrat.

Verordnungen des Bundes und der Länder

Verordnungen sind Rechtsnormen, die durch die Exekutive (Regierungsorgan oder Verwaltungsorgan) erlassen werden. Die Legislative, also das jeweilige Parlament, räumen der Exekutive das Recht ein, Entscheidungen selbst zu treffen. Grundlage ist immer eine Verordnungsermächtigung in einem parlamentarisch beschlossenen Gesetz. Als wesentlich geltende Rechtsfragen dürfen nicht in Verordnungen geregelt werden, z.B. Grundrechtseingriffe. Verordnungen sind „Gesetze im materiellen Sinn", da sie Rechtswirkung gegenüber jedem entfalten, also für jeden gelten. Verordnungen nach Landesrecht werden von Landesorganen, z.B. Behörden, erlassen. Die Polizeigesetze der Länder ermächtigen zum Zweck der Gefahrenabwehr die Polizeibehörden zum Erlass von Polizeiverordnungen.

Verwaltungsvorschriften

Verwaltungsvorschriften sind Rechtsvorschriften, die innerhalb der Verwaltung Bindungswirkung entfalten, z.B. Anordnungen an nachgelagerte Behörden. Verwaltungsvorschriften dienen dazu, eine einheitliche Rechtsanwendung der Behörden zu gewährleisten. Verwaltungsvorschriften haben grundsätzlich keine Außenwirkungen, wirken also nicht unmittelbar auf den Bürger oder Unternehmen. Da Verwaltungsvorschriften häufig Beurteilungs- und Ermessensrichtlinien darstellen, haben sie vielfach eine mittelbare Außenwirkung. Die Behörde ist aber zur Anwendung der Verwaltungsvorschrift verpflichtet.

Ein Beispiel ist die Technische Anleitung zur Reinhaltung der Luft (TA Luft), die im Rahmen von Genehmigungsverfahren Anwendung findet. So kann die Erteilung einer Genehmigung nach dem Bundesimmissionsschutzgesetz (BImSchG) davon abhängig gemacht werden, dass der Antragsteller Vorgaben (z.B. Grenzwerte) erfüllt, die in der TA Luft stehen.

Verwaltungsakte

Verwaltungsakte sind Maßnahmen, die eine Behörde zur Regelung eines Einzelfalls auf dem Gebiet des öffentlichen Rechts trifft. Verwaltungsakte haben eine unmittelbare Rechtswirkung nach außen. Einem rechtswidrigen Verwaltungsakt kann widersprochen werden; die Rechtmäßigkeit beruht auf formellen und materiellen Voraussetzungen. Verwaltungsakte sind z. B.:

- Genehmigungen
- Zulassungen
- Untersagungen/Stilllegungen
- Nebenbestimmungen (Auflagen, Befristungen)
- Straßenverkehrszeichen

4.2.3 Völkerrecht und Europäisches Recht

Völkerrecht

Das Völkerrecht ist eine überstaatliche, aus Prinzipien und Regeln bestehende Rechtsordnung. Es regelt die Beziehungen zwischen den Völkerrechtssubjekten (meist Staaten) auf der Grundlage der Gleichrangigkeit. Völkerrechtliche Bestimmungen sind für alle Staaten gültig, unabhängig davon, ob sie zugestimmt haben oder nicht. Das Verhältnis zwischen Völkerrecht und nationalem Recht lässt sich nur in Zusammenschau mit der jeweiligen staatlichen Rechtsordnung bestimmen.

Zugehörige Rechtsgebiete

Zum Völkerrecht gehören die Entstehung, die Kontinuität und der Untergang von Staaten, die Umgrenzung und Veränderung des Staatsgebiets, die allgemeinen Rechte und Pflichten der Staaten und die Haftung bei Völkerrechtsverletzung. Wichtige Einzelgebiete sind u. a. das Konsularrecht, das See-, Luft- und Weltraumrecht, das Recht des internationalen Handels- und Wirtschaftsverkehrs, die Menschenrechte, das Fremdenrecht, die Abrüstung und Friedenssicherung, die Einrichtungen der friedlichen Streitbeilegung. Umwelt- und Klimaschutz sowie die Prinzipien der Nachhaltigkeit sind weitere Themen, die das Völkerecht umfasst (z. B. 17 Sustainable Development Goals). Für Unternehmen hat zurzeit das Völkerecht juristisch keine direkten praktischen Auswirkungen. Konkretisieren nationale Rechtsvorschriften jedoch Forderungen des Völkerrechts, so entfalten sie eine nationale Bindungswirkung für Unternehmen und Organisationen.

EU-Recht

Anders verhält es sich mit dem Recht der Europäischen Union (EU-Recht), denn dieses ist sehr wohl in der Lage, direkt und indirekt rechtlich bindende Vorschriften für Unternehmen zu machen. Das EU-Recht unterscheidet man in primäres und sekundäres Recht. Das Primärrecht stellt die zentrale Rechtsquelle des Europarechts dar. Es umfasst die Verträge zwischen den Mitgliedstaaten der EU (Gründungs-, Revisions- und Beitrittsverträge). Die Verträge unterliegen der Kontrolle durch das Bundesverfassungsgericht anhand innerstaatlichen Verfassungsrechts.

Das Sekundärrecht umfasst die von den Organen der Europäischen Union erlassenen Rechtsnormen in Form von Verordnungen und Richtlinien. Sekundärrecht darf nicht gegen Primärrecht verstoßen. Hat ein nationales Gericht Zweifel an der Gültigkeit von sekundärem EU-Recht, so muss es die zu entscheidende Sache dem Europäischen Gerichtshof (EuGH) in Den Haag und nicht dem Bundesverfassungsgericht (BVerfG) vorlegen.

Europäische Verordnungen

Verordnungen der EU sind allgemeine Regelungen und entfalten unmittelbare innerstaatliche Geltung. Sie begründen verbindliche und unmittelbare Rechte und Pflichten für die Mitgliedstaaten und ihre Bürger. Verordnungen bedürfen daher nicht mehr eines Umsetzungsaktes in nationales Recht durch das jeweilige nationale Parlament. Sie eröffnen den Mitgliedstaaten dementsprechend keinen Gestaltungsspielraum bei der Umsetzung der Vorgaben in nationales Recht, es sei denn, dies wird ausdrücklich gefordert. Die Vorgaben können lediglich vom nationalen Gesetzgeber durch Umsetzungsgesetze mit weitergehenden Forderungen ergänzt werden.

Europäische Richtlinien

Die Richtlinien der EU sind an ihre Mitgliedstaaten gerichtet und bedürfen, anders als die europäischen Verordnungen, der Umsetzung in das jeweilige nationale Recht. Richtlinien sind hinsichtlich ihrer inhaltlichen Regelungen verbindlich, überlassen den Mitgliedstaaten jedoch Form und Mittel der Umsetzung. Die Richtlinien legen die Mindestanforderungen an die Mitgliedstaaten fest, können aber ggf. auch weitergehende Regelungen des ausführenden Nationalstaates enthalten.

Regelmäßig ist in den Richtlinien eine Umsetzungsfrist (ca. drei bis fünf Jahre) enthalten. Der Europäische Gerichtshof (EuGH) vertritt jedoch in ständiger Rechtsprechung die Auffassung, dass EU-Richtlinien nach Ablauf dieser Umsetzungsfrist unter bestimmten Voraussetzungen von den Behörden und Gerichten der Mitgliedstaaten ganz oder in Teilen unmittelbar anzuwenden sind. Wird eine EU-Richtlinie nicht fristgemäß umgesetzt, können sich die EU-Bürger und Firmen gegenüber allen innerstaatlichen (nicht richtlinienkonformen) Vorschriften auf die Bestimmungen dieser Richtlinie berufen.

Anwendungsvorrang

Das EU-Recht genießt als supranationales Recht Anwendungsvorrang vor dem nationalen Recht. Nationale Behörden und Gerichte sind verpflichtet, das EU-Recht auch dann anzuwenden, wenn eine Vorschrift des nationalen Rechts dem entgegensteht. Der Anwendungsvorrang gilt auch gegenüber dem Verfassungsrecht, also gegenüber dem Grundgesetz.

Regelungsgebiete

Das EU-Recht greift heute in viele rechtliche Regelungsgebiete ein, so z. B. im:

- Umweltschutz,
- Arbeits- und Gesundheitsschutz,
- Produktsicherheit und Produktkennzeichnung,
- Lebensmittelsicherheit,
- Arzneimittelrecht,
- Energie- und Atomrecht

Der Regelungsdschungel der EU ist inzwischen so dicht, dass Unternehmen gut beraten sind, den EU- Rechtsvorschriften die gleiche Aufmerksamkeit zu widmen wie der nationalen Gesetzgebung.

Rechtssysteme der Nicht-EU-Länder

Deutsches und europäisches Recht können ggf. aber nicht alles sein, worauf sich Unternehmen einstellen müssen. Nicht nur Weltkonzerne agieren inzwischen rund um den Globus, auch Mittelständler haben inzwischen Geschäftsbeziehungen in ferne Länder. Wer in die gesamte Welt Produkte und Dienstleistungen verkauft oder von dort bezieht, sieht sich auch mit den rechtlichen und normativen Regeln vieler Länder konfrontiert, was die Komplexität nicht nur wegen der gestiegenen Zahl der bindenden Verpflichtungen erhöht, sondern auch weil diese Länder zum Teil andere Rechtssysteme haben (z. B. angelsächsisches Recht in den USA). Ohne rechtskundigen Beistand in diesen Ländern (z. B. Rechtsanwaltskanzleien oder Tochtergesellschaften vor Ort) dürfte es wohl kaum möglich sein, immer auf dem aktuellen Stand der lokalen Complianceanforderungen zu sein. Erschwerend kommt hinzu, dass die zu erwartenden Strafen aus Produkt- und Produzentenhaftung in einigen Ländern um ein Vielfaches höher liegen als in Deutschland und der EU.

4.3 Rechtliche Anforderungen aus Unternehmenssicht

Hunderte bis Tausende Rechtsnormen

Je nach Branche, Produkten, Dienstleistungen und Prozessen/Verfahren gelten nicht alle Rechtsvorschriften und Normen auch für alle Unternehmen. Welchen rechtlichen Vorschriften ein Unternehmen unterliegt, muss es selbst herausfinden, ggf. mit Hilfe von Juristen. Viele Rechtsbereiche gelten für alle

Unternehmen, z. B. das Steuer- und Abgabenrecht oder das Arbeitsschutzrecht. Aber nicht alle sind davon hinsichtlich der Regelungsdichte gleichermaßen betroffen. An den Handwerksbetrieb stellt das Finanzamt zum Teil andere Anforderungen als an einen Weltkonzern; auch im Arbeitsschutz gibt es deutliche Unterschiede zwischen einer Sparkasse und einem Chemiewerk. Die Zahl der relevanten Rechtsnormen liegt jedoch pro Unternehmen mindestens bei ein paar Hundert bis einigen Tausend.

Unrechtsbewusstsein

Dass eine Leitung diese nicht alle im Kopf abrufbar hat, ist selbstverständlich. Andererseits gilt immer noch die alte Volksweisheit „Unwissenheit schützt vor Strafe nicht". Das ergibt sich auch aus § 17 des Strafgesetzbuchs (StGB), der besagt: Wem die Einsicht fehlt, Unrecht zu tun, der wird nur dann nicht bestraft, wenn ihm das Unrechtsbewusstsein unvermeidbar fehlte. Da Gesetze aber öffentlich zugänglich sind, ist eine Unvermeidbarkeit des Unrechtsbewusstseins rechtlich kaum nachweisbar.

Wie richtig umgehen mit Compliance?

Das Wissen um Rechtsvorschriften, Normen und andere zu beachtenden Regeln gehört in den meisten Unternehmen ja nicht zur Kernkompetenz, und es besteht daher die Gefahr, diese aus dem Blick zu verlieren. Bei der Vielzahl rechtlicher und sonstiger bindender Verpflichtungen, die ein Unternehmen hat, kann es da nur eine Antwort geben: **sehr systematisch.** Wenn man „systematisch" gleichsetzt mit Transparenz und der Schaffung nachvollziehbar Ordnung, dann ist ein Managementsystem genau das Richtige. Managementsysteme sind als Ordnungsfaktoren zu bestimmten Themen konzipiert (z. B. Qualität oder Umweltschutz) und geben Unternehmen und Organisationen eine systematische Hilfestellung, mit diesem Thema erfolgreich umzugehen. Die ISO 37301 nimmt sich genau dieser Regelungslücke an. Im Gegensatz zu anderen Managementsystemen, die nur Teilbereiche rechtlicher und sonstiger Pflichten behandeln (z. B. ISO 14001 Umweltrecht, ISO 22001 Lebensmittelrecht), geht die ISO 37301 die gesamte Bandbreite rechtlicher und sonstiger Pflichten eines Unternehmens an. Unternehmen und Organisationen, die im Rahmen anderer ISO-Managementsysteme schon rechtliche Teilbereiche regeln mussten, können diese ins CMS übernehmen. Die meisten dieser normativen Complianceforderungen sind mit der ISO 37301 kompatibel.

50.000 bis 60.000 Handlungspflichten

Wie bereits gesagt, geht die Zahl der Rechtsnormen allein in Deutschland in die Tausende. Nach Schätzungen von Juristen geht man von ca. 15.000 und mehr Rechtsvorschriften aus. Jede Rechtsvorschrift enthält in der Regel mehrere Handlungspflichten. Das sind Auflagen, an die sich Bürger und Unternehmen halten müssen, von der Straßenverkehrsordnung bis zum Atomgesetz. Wenn man von ca. vier Handlungspflichten pro Rechtsvorschrift ausgeht, beträgt die Zahl der allein in Deutschland ca. 50.000 bis 60.000. Wie viele es sein werden, wenn das EU-Recht und andere nationale Rechtsgebiete weltweit hinzukommen, ist kaum noch abschätzbar.

Cluster bilden

Wie aber umgehen mit diesem juristischen Dschungel? Da hilft ein altes indisches Sprichwort weiter: *„Man kann auch einen Elefanten verspeisen, man muss ihn nur in kleine Stücke schneiden."* Dies heißt übertragen, man muss die vielen Rechtsvorschriften unter Oberbegriffen zu bestimmten Rechtsthemen clustern (z. B. Umweltrecht). Im zweiten Schritt ordnet man die für das Unternehmen zutreffenden Gesetze diesen Clustern zu. Da das deutsche Recht hierarchisch gegliedert ist, erfolgt im dritten Schritt dann die Zuordnung der nachgesetzlichen Vorschriften, z. B. Verordnungen.

Rechtsgebiete aus dem Blickwinkel von Unternehmen

Eine Vorgabe zur Clusterbildung macht die ISO 37301 nicht. Man ist da auf verschiedene Modelle aus der Fachliteratur oder Rechtskanzleien angewiesen. Diese betrachten das Thema allerdings aus der übergeordneten Perspektive des gesamten Rechtssystems und nicht nur den für ein Unternehmen notwendigen praktikablen Ausschnitt. In Tabelle 1 ist der Versuch unternommen worden, übergeordnete Rechtsgebiete aus dem Blickwinkel von Unternehmen zu strukturieren [5].

Tabelle 1: Rechtsgebiete aus Unternehmenssicht

1 Schutz von Informationen	
Datenschutzrecht	Betriebsgeheimnisse
IT-Sicherheit	Gewerblicher Rechtschutz/Urheberrecht
2 Wirtschaftskriminalität	
Aktive Korruption	Geldwäscherecht
Außenwirtschaftsrecht (inkl. Zoll Export)	Andere Straftaten zulasten Dritter
Vermögensmissbrauch	Wirtschaftsspionage
3 Selbst gesetzte Standards	
Menschen- und Arbeitnehmerrechte	Nachhaltigkeit und Klimaschutz
Faire Trade	Andere selbst gesetzte Standards
4 Mitarbeiter	
Kollektivarbeitsrecht	Individualarbeitsrecht
Sozialversicherungsrecht	Mitbestimmungsrecht
5 Betrieb und Produktion	
Sicherheit und Gesundheit bei der Arbeit	Produktionssicherheit und -haftung
Umweltrecht	Logistikrecht
Immobilien- und Grundstücksrecht	Versicherungsrecht
6 Wettbewerb	
Kartellrecht	Lauterkeitsrecht
7 Kreditoren/Debitoren	
Vergaberecht	Kapitalmarktrecht
Insolvenzrecht	Beihilfen und Fördermittel
Banken- und Zahlungsdienstleistungsrecht	Schuldrecht (inkl. Verbraucherschutz)
8 Allgemeine Unternehmerpflichten	
Gesellschaftsrecht	Steuer- und Abgabenrecht
Finanzberichterstattung	Deutscher Corporate-Governance-Kodex

Wie man unschwer erkennen kann, sind die Complianceanforderungen an Unternehmen vielfältig und auch nicht für alle gleich. Unterschiede ergeben sich je nach Branchenzugehörigkeit, Standort (Nation), Größe und anderen Rahmenbedingungen. Es gibt aber auch Bereiche, z. B. das Steuerrecht, das Sozialversicherungsrecht oder Arbeitsschutz und -sicherheit, mit im Grundsatz vergleichbaren Anforderungen an alle Unternehmen in Deutschland.

Rechtsgebiete.xlsx

In der Arbeitshilfe finden Sie eine alphabetische Aufstellung der gängigen Rechtsgebiete, die für Unternehmen im Rahmen ihres CMS von Bedeutung sein könnten.

Rechtsgebietsverantwortliche

Die Gliederung nach Rechtsgebieten ist nur eine Möglichkeit, rechtliche Anforderungen zu strukturieren. Wie schon erwähnt, ergeben sich aus den Rechtsvorschriften in vielen Fällen Handlungspflichten, die Personen oder Abteilungen zugeordnet werden müssen, damit diese die Rechtspflichten für das Unternehmen umsetzen können. Damit diese Handlungspflichten seitens der Leitung sauber delegiert werden können, wird die Verantwortung dafür in der Praxis sogenannten Rechtsgebietsverantwortlichen (z. B. Umweltrecht) übertragen. Diese tragen dafür Sorge, dass die notwendigen Rechtsvorschriften im Unternehmen vorhanden sind, aktuell gehalten werden und die daraus folgenden Handlungspflichten bekannt und Ausführungsverantwortlichen zugeordnet sind.

Ableitung aus den Tätigkeiten

Eine weitere Möglichkeit, die Rechtsanforderungen eines Unternehmens zu erfassen und zu strukturieren, ist das Ableiten von Complianceanforderungen aus den Prozessen/Tätigkeiten und Produkten/Dienstleistungen eines Unternehmens. Alles, was wir tun, kann rechtliche Regelungen berühren. Als Beispiel sei an dieser Stelle die Tätigkeit „Autofahren" genannt. Welche rechtlichen Regelungen berühre ich damit?

Rechtliche Forderung	Geltende Rechtsvorschriften
Ich benötige eine Fahrerlaubnis.	Straßen-Verkehrs-Gesetz (StVG) § 2 – Fahrerlaubnis und Führerschein sowie nachrangig die Fahrerlaubnisverordnung (FeV)
Ich muss mich an Regeln im Straßenverkehr halten.	Straßenverkehrs-Ordnung (StVO)
Ich unterliege für das Kfz einer Steuer- und Versicherungspflicht.	Kraftfahrzeugsteuergesetz (KraftStG), Pflichtversicherungsgesetz (PflVG) § 1

Beispiel Personalabteilung

Mit dieser systematischen Methode kann man unter Zuhilfenahme eines Organigramms mit den Abteilungen eines Unternehmens sich die Frage stellen: Womit beschäftigt sich dieser Unternehmensbereich. Auch dafür ein kleines Beispiel: Die Personalabteilung in Unternehmen hat in der Regel vier Hauptaufgaben:

- Personalsuche und -einstellung
- Personalverwaltung
- Personalförderung und -entwicklung
- Personalaustritt und -abbau

Die dafür geltenden Rechtsvorschriften sind nicht zentral zusammengefasst, sondern verteilen sich auf viele Gesetze und Verordnungen. Dazu gehören das Bürgerliche Gesetzbuch mit seinen Paragrafen zum Vertragsrecht, das Bundesdatenschutzgesetz (BDSG) mit der Datenschutz-Grundverordnung (DSGVO) zum Schutz persönlicher Daten von Mitarbeitern, das Arbeitszeitgesetz (ArbZG) für nicht volljährige Mitarbeiter, das Bundesurlaubsgesetz (BUrlG), das Jugendarbeitsschutzgesetz (JuSchG), das Mutterschutzgesetz (MuSchG) für schwangere Mitarbeiterinnen sowie weitere Rechtsvorschriften.

Beispiel Inverkehrbringen von Produkten

Rechtsvorschriften gibt es natürlich auch für den Inverkehrbringer von Produkten, seien es ein Smartphone, ein Automobil oder Backwaren. Den rechtlichen dafür Kern bildet die Produkthaftung. Auch sie ist nicht zentral in einer Rechtsvorschrift (Gesetzbuch) zusammengefasst, sondern verteilt sich auf viele Gesetze und nachrangige Verordnungen.

Das wichtigste Gesetz ist das Produkthaftungsgesetz (ProdHaftG), das den Verbraucher vor Mängeln des Produkts und seinen Folgen schützen soll. Daneben gibt es noch die Möglichkeit, den § 823 des BGB „Schadensersatzpflicht" zum Ausgleich eines Mangelschadens und ggf. des Mangelfolgeschadens zu nutzen. Für Händler untereinander gelten zudem die Schadensersatzregeln des Handelsgesetzbuchs (HGB). Des Weiteren ist für Hersteller von Maschinen und Anlagen das Gerätesicherheitsgesetz (GSG) zu beachten. Es dient der Sicherheit von Arbeitsmitteln, von denen bei der Nutzung eine besondere Gefahr ausgeht. Eine der wesentlichen Verordnungen zum GSG ist die 9. Produktsicherheitsverordnung (ProdSV), genannt Maschinenverordnung.

Ein tieferer Einstieg in die Complianceverantwortung eines Unternehmens würde den Rahmen dieses Werks sprengen. Bei der Erstellung des Rechtskatasters und der daraus abzuleitenden Pflichten für das Unternehmen ist die Unterstützung von Juristen hilfreich, insbesondere wenn es den Anforderungen einer gerichtsfesten Organisation genügen soll.

Die Methodik, um die Anforderungen des Normkapitels 4.5 „Compliance-Verpflichtungen" hinsichtlich der Erfassung von Rechtsanforderungen an die Organisation wirksam umzusetzen, sollte somit ausreichend erläutert sein.

Compliance_ Ermittlung.xlsx

In der beigefügten Arbeitshilfe finden Sie ein Muster zur tabellarischen Erfassung der Rechts- und sonstigen Pflichten ausgehend von den Unternehmensaktivitäten. Sie kann als Vorlage zur eigenen Complianceermittlung genutzt werden. In einem ergänzenden Tabellenblatt finden Sie eine mögliche Zuordnung der unternehmensrelevanten Rechtsgebiete zu den Rechtsfeldern im CMS, die Sie an Ihr Unternehmen anpassen können.

5 Bedeutung der Rechtskonformität für eine Organisation

5.1 Compliance und Führung

Realität besser als die Erwartungen?

Wie ehrlich und fair geht es in deutschen Unternehmen zu? Das Ergebnis einer Gallup-Umfrage aus dem Jahr 2019 [6] unter Mitarbeitern von Unternehmen lässt nach Meinung von zahlreichen Beschäftigten nichts Gutes hoffen. Diesel-Affäre und Wirtschaftskriminalität sorgen in Unternehmen für eine misstrauische Stimmung. Viele Mitarbeiter sind weder von der Integrität ihrer Arbeitgeber noch von der Ehrlichkeit ihrer Kollegen überzeugt. Im Gegenteil: Etliche vermuten wirtschaftskriminelle Aktivitäten (z. B. Preisabsprachen, Datenmissbrauch) und Verstöße gegen moralische und ethische Maßstäbe. Bleibt zu hoffen, dass die Realität besser ist als die Erwartung. In vielen Fällen entstehen Complianceverstöße aber nicht aus krimineller Energie, sondern sind ein Zufallsprodukt mangelnder oder fehlerhafter Regelungen im Unternehmen selbst. Die Meinung mancher Führungskräfte, solange nicht der Staatsanwalt im Hause sei, sei alles rechtskonform, sollte man sich besser nicht zu Eigen machen.

Gründe, sich zu kümmern

Wie man als Führungskraft zum Thema Compliance auch stehen mag, sich um Compliance zu kümmern, dafür gibt es eine Reihe guter Gründe, z. B.:

- Wachsender Ermittlungs- und Überwachungsdruck von Aufsichts- und Überwachungsbehörden
- Investigativer Journalismus, für den Managerfehlverhalten attraktive Schlagzeilen in den Medien liefert
- Wertegeprägte Unternehmenskultur in den Unternehmen gegenüber Öffentlichkeit, Mitarbeitern und Kunden
- Gegenseitige Vernetzung der Geschäftsaktivitäten, in der das Fehlverhalten eines Einzelnen die Interessen der anderen Beteiligten gefährdet
- Druck in der Lieferkette zu compliancegerechtem Verhalten aller Beteiligten
- Anerkannte internationale Standards bezüglich Korruption und Kartellabsprachen, die von allen führenden Wirtschaftsnationen geächtet werden

Bewusstsein für rechtskonformes Handeln

Wenn eine Organisation im Unternehmensalltag rechtskonform handeln will, muss sie alle relevanten rechtlichen sowie weitere bindende Verpflichtungen einhalten (s. Abschnitt 4 ff.). Oberstes Ziel von Compliance ist die Prävention, um Verstöße jeder Art, beabsichtigt oder unbeabsichtigt, zu verhindern. Dafür ist zuerst entscheidend, dass im Unternehmen ein Bewusstsein für rechtskonformes Handeln existiert. Wichtig ist: Compliance beginnt oben, ist Chefsache. Um das zu gewährleisten, muss die Leitung sichtbar mit gutem Beispiel vorangehen und sich aktiv in die Einführung des Compliance-Managementsystems einbringen.

Legal Compliance

Um zu verstehen, was Rechtskonformität genau bedeutet, muss man sich den Compliancebegriff etwas genauer ansehen. Hinter dem Oberbegriff verbergen sich nämlich zwei weitere Begriffe: die Legal Compliance und die Corporate Compliance. Legal Compliance gilt für alle juristischen Regeln und Vorschriften, die vom Unternehmen einzuhalten sind. Sie werden normativ als bindende Verpflichtungen bezeichnet.

Corporate Compliance

Mit Corporate Compliance wird allgemein die Regeltreue im Unternehmen bezeichnet. Dabei geht es um unternehmensinterne Prinzipien und Verhaltensgrundätze, die es einzuhalten gilt. Sie wird oft als Ethik bezeichnet und umfasst Themen wie Wertevorstellungen, Redlichkeit und Integrität im Unternehmen. Sie zählen normativ zu den freiwilligen Verpflichtungen. Ein Beispiel einer solchen freiwilligen Regelung ist der Global Compact (Verhaltenscodex) der UN mit seinen zehn Prinzipien zu Menschenrechten, Arbeitsnormen,

Umwelt und Korruptionsprävention. Er bildet häufig die Grundlage für abgeleitete firmenspezifische Regelungen.

Drohende Sanktionen

Zusammengefasst bedeutet Legal Compliance → rechtskonforme Geschäftsführung und Corporate Compliance → redliche Geschäftsführung. Nur beides zusammen kann den Complianceanforderungen interner wie externer Stakeholder gerecht werden. Gelingt dies nicht, drohen Sanktionen von verschiedenen Seiten in Form von

- Reputationsverlusten, Imageschäden, und Rufschädigung,
- Freiheitsstrafen, Geldstrafen und Bußgeldern,
- Umsatzeinbrüchen, Gewinnabschöpfung oder Vermögensschäden,
- Schadensersatzansprüchen Dritter,
- Verfahrenskosten sowie Kosten für Rechtsbeistand und Wirtschaftsprüfer,
- Demotivation, Frustration und Kündigungen von Mitarbeitern und
- gefährdeten oder verlorenen Geschäftsbeziehungen.

Persönliche Haftung für Organisationsverschulden

Für Vorstände und Geschäftsführer von Unternehmen in Deutschland gibt es einen weiteren Grund, sich mit dem Thema Legal Compliance auseinanderzusetzen. Sie sind juristisch Organe der Gesellschaft und damit im Rahmen des Strafrechts persönlich haftbar für strafrechtlich relevante Verfehlungen, die in ihrer Organisation passieren. Bei der Organhaftung wird die strafrechtliche Verantwortlichkeit vom Unternehmen auf seine Organe (Vorstand, Geschäftsführer) übertragen. Häufige Gründe für solche Haftungsfälle sind u. a. Verstöße im Arbeits- und Umweltschutz, Korruption und Betrug, Bilanzmanipulation oder Kartellverstöße.

Zivilrechtliche Risiken

Darüber hinaus gibt es auch noch zivilrechtliche Haftungsrisiken (Innenhaftung und Außenhaftung) für die Organe eines Unternehmens. Die Innenhaftung betrifft Pflichtverletzungen eines Organs gegenüber dem Organträger (z. B. AG oder GmbH). Für definierte Tatbestände gilt eine schadensersatzpflichtige Innenhaftung.

Unter Außenhaftung von Organen wird die Haftung gegenüber Dritten (Kunden, Vertragspartnern) verstanden. Ein geschädigter Dritter kann nur dann Ansprüche (Schadensersatz) unmittelbar gegenüber dem Organmitglied geltend machen, wenn seine Ansprüche vom Unternehmen wegen Zahlungsunfähigkeit nicht mehr erfüllt werden können und eine Beteiligung des Organs an diesem Schaden nachweisbar ist.

5.2 Compliance und Unternehmenserfolg

Interessierte Parteien

In einem IMS aus mehreren Managementsystemen wie ISO 9001, ISO 14001 und ISO 45001 gibt es verschiedene Anspruchsgruppen (auch Stakeholder genannt), die unterschiedliche Anforderungen und Erwartungen an die Organisation haben. Die ISO 9001 fokussiert sich stark auf die Kunden, die Produkte oder Dienstleistungen erwerben und bereit sind, dafür Geld zu bezahlen. Wer ist aber Kunde im Umwelt- oder Arbeitsschutzmanagementsystem? Die Frage hat die ISO beantwortet, indem sie die Frage stellte, welche Gemeinsamkeiten es denn für die Kunden von Managementsystemen gibt. Antwort: Es sind Personen oder Organisationen, die Anforderungen oder Erwartungen an ein Unternehmen haben. Die Kunden der ISO 14001 und anderer Managementsysteme, so auch der 37301, sind unter dem Begriff „Interessierte Parteien" (auch Stakeholder) im Normkapitel 4.2 subsumiert. Der Kunde in der ISO 9001 ist letztlich auch nur Teil der interessierten Parteien, wenn auch ein sehr wichtiger.

Grundanforderungen der MS

Bezüglich der Erfordernisse und Erwartungen haben alle Managementsysteme drei Grundanforderungen an ein Unternehmen:

- die interessierten Parteien ermitteln, die für das IMS relevant sind,
- die relevanten Anforderungen und Erwartungen dieser Parteien ermitteln,
- Festlegungen treffen, wie mit den relevanten Anforderungen/Erwartungen umzugehen ist.

Dabei ist es zulässig, die interessierten Parteien und ihre Anforderungen und Erwartungen nach ihrer Bedeutung für das Unternehmen zu bewerten und zu klassifizieren, um daraus einen adäquaten Umgang abzuleiten.

Das erweiterte Kano-Modell

Eine Methode aus dem Qualitätsmanagement zum Umgang mit Anforderungen und Erwartungen von Kunden und der daraus folgenden Zufriedenheitsabstufung ist das Kano-Modell von Noriaki Kano [7]. Das Modell erlaubt es, Erwartungen (Wünsche) des Kunden zu erfassen und sie bei der Produktentwicklung zu berücksichtigen. Im Zusammenspiel mit anderen Managementsystemen im IMS muss der Begriff des Kunden um die interessierten Kreise erweitert werden. Das erweiterte Kano-Modell zeigt Abbildung 4.

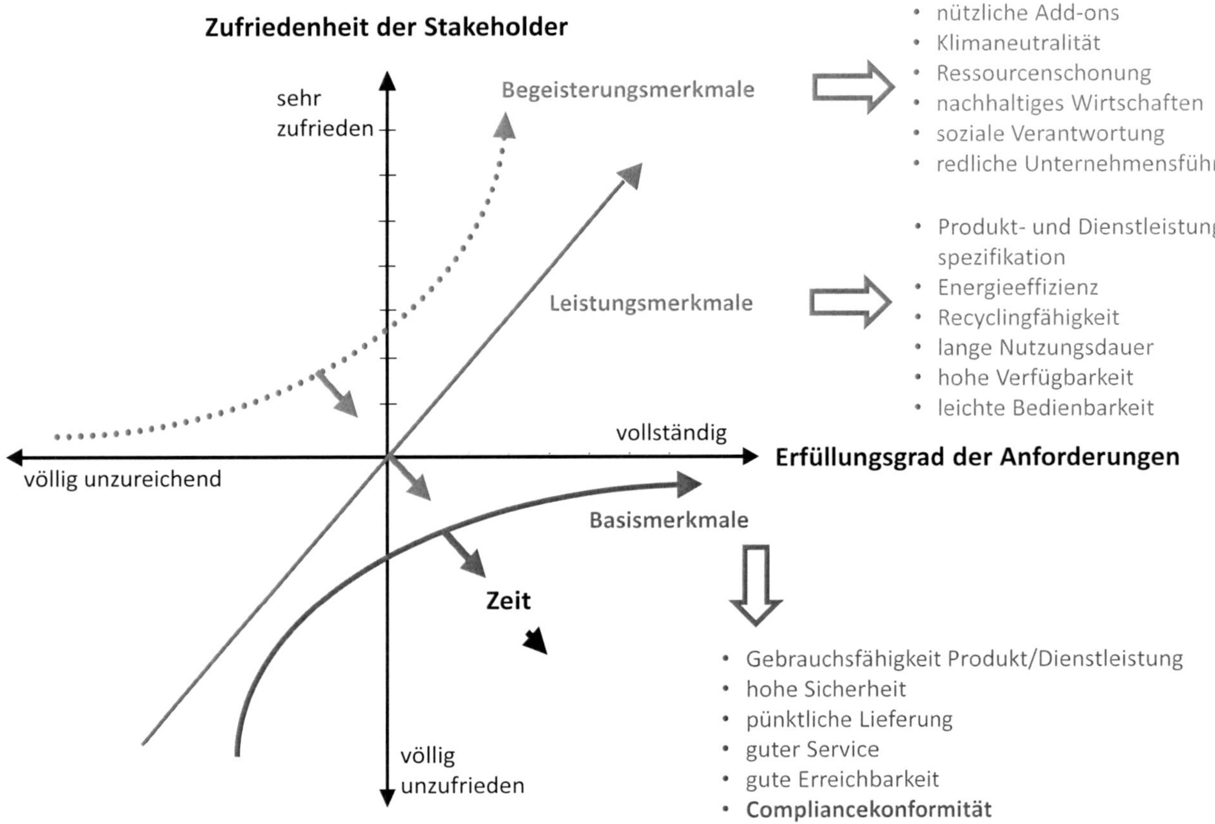

Abb. 4: Erweitertes Kano-Modell im Wandel der Zeit

Arten von Merkmalen

Das Kano-Modell unterscheidet drei Arten von Merkmalen der zu erfüllenden Anforderungen:

- **Basismerkmale,** die so grundlegend und selbstverständlich sind, dass sie dem Stakeholder erst bei Nichterfüllung bewusst werden (implizierte Erwartungen). Werden die Basisanforderungen nicht erfüllt, entsteht sofort Unzufriedenheit. Werden sie erfüllt, entsteht aber keine Zufriedenheit.
- **Leistungsmerkmale** sind vereinbarte Merkmale z. B. im Rahmen von Verträgen oder Vereinbarungen. Sie sind dem Stakeholder bewusst. Werden sie erfüllt, entsteht Zufriedenheit, werden sie nicht erfüllt, entsteht Unzu-

friedenheit. Der Grad der Unzufriedenheit oder Zufriedenheit hängen ab vom Ausmaß der Erfüllung oder Nichterfüllung der Leistungsmerkmale.

- **Begeisterungsmerkmale** sind nutzenstiftende Merkmale, die über die Basis- und Leistungsmerkmale hinausgehen, die der Stakeholder als Add-on erhält und die bei ihm einen hohen Grad an Zufriedenheit auslösen. Sie sind Merkmale, die die Reputation steigern und einen Wettbewerbsvorteil bieten.

Unerheblichkeitsmerkmal

Ein weiteres Merkmal nach Kano, das im Modell nicht grafisch dargestellt ist, ist das Unerheblichkeitsmerkmal. Es spielt, ob vorhanden oder nicht, für die Zufriedenheit des Stakeholders keine Rolle, da das Merkmal für den Stakeholder keine Bedeutung besitzt.

Basismerkmale

Im Original des Kano-Modells bezieht sich alles auf das Produkt und das Verhalten des Kunden dazu, bestimmt seine Zufriedenheit oder auch nicht. Bei den Stakeholdern in einem IMS erweitern sich die Faktoren, die hinter den drei Merkmalen des Kano-Modells stehen, um weitere Merkmale. Die Basismerkmale sind weiterhin stark produkt- oder dienstleistungsabhängig. Neben der Gebrauchsfähigkeit stehen heute weitere Merkmale wie Produktsicherheit, pünktliche Lieferung, guter Service des Lieferanten und gute Erreichbarkeit für Kommunikation als Kriterien, die die Kaufentscheidung stark beeinflussen. Gerade die Bedeutung der weichen Faktoren, die mit dem Produkt verknüpft sind, ist im Wandel der Zeit heute fast größer für die Zufriedenheit als das Produkt selbst. Unbemerkt von vielen Unternehmen gehört für viele Kunden aber auch die Compliancekonformität zu den Basisanforderungen. Wer möchte schon gerne Geschäfte mit der Mafia machen. Es gibt auch noch einen weiteren Aspekt für Compliance im Unternehmen, und das sind seine Mitarbeiter. Es ist in vielen Branchen heute bereits schwierig genug, qualifizierte Arbeitnehmer zu finden. Durch Non-Compliance-Meldungen in den Medien kann man kaum Mitarbeiter motivieren, in ein Unternehmen einzutreten oder darin zu bleiben. Wer möchte schon gerne Mitglied einer kriminellen Vereinigung sein, in der z. B. weltweiter Betrug zum Geschäftsmodell gehört. So mancher Mitarbeiter eines großen deutschen Automobilkonzerns musste sich in jüngerer Vergangenheit im Freundes- und Bekanntenkreis negative Äußerungen zu seinem Arbeitgeber gefallen lassen. Auch in solchen Fällen wird der pflegliche Umgang mit dem Recht eine Grundsatzanforderung weit über die Kundenanforderung hinaus.

Leistungsmerkmale

Wie bei den Basismerkmale dominieren auch in den Leistungsmerkmalen noch Produktmerkmale. Aber auch da hat es in den Jahren seit Kano Verschiebungen in der Art der Merkmale gegeben. Das Einhalten von Produkt- und oder Dienstleistungsmerkmalen mess- oder zählbarer Art ist für den Kunden/Stakeholder auch heute noch ein wichtiges Kriterium, das häufig vertraglich fixiert wird. Schwere Verstöße dagegen führen schnell zu großer Unzufriedenheit. Entspricht alles den vereinbarten Spezifikationen, stellt sich Zufriedenheit ein. Wie groß diese ist, hängt häufig auch von der Art des Produkts ab. Ein teures Smartphone, das alle Funktionen des Nutzers erfüllt, löst bei diesem sicher eine größere Zufriedenheit aus als ein frisches Brötchen. In diesem Fall kann man davon ausgehen, dass der mögliche Zufriedenheitsindex umso größer ist, je komplexer und werthaltiger das Produkt ist. Gleiches gilt für die Unzufriedenheit. Ein deutlicher Kratzer am Kotflügel eines neuen Autos wird schon zu großer Unzufriedenheit bei Kunden führen. Bei einem trockenen Brötchen wird sich die Unzufriedenheit vermutlich in Grenzen halten. Neben den reinen (technischen) Produktmerkmalen beeinflussen heute aber auch andere Faktoren die Zufriedenheit. Da wären zu nennen die Energieeffizienz und die Recyclingfähigkeit von Produkten, des Weiteren ggf. eine lange Lebens-/Nutzungsdauer, leichte Bedienbarkeit, geringe Wartungs- und Reparaturkosten oder eine hohe Verfügbarkeit des Produkts. Diese Leistungsmerkmale werden als Kaufanreiz von den Herstellern bewusst beworben und sprechen Kunden an, die das Bedürfnis haben, die Ressourcen unseres Planeten besser zu nutzen als in der Vergangenheit. Neben dem Preis beeinflussen solche Nachhaltigkeitsmerkmale heute immer mehr die Kaufentscheidung.

Begeisterungsmerkmale

Die Begeisterungsmerkmale sind nicht unbedingt zwingend mit dem Produkt verknüpft, sondern sind nutzenstiftende Merkmale, mit denen der Kunde/Stakeholder nicht unbedingt rechnet. Sie sind als Add-on ein Mehrwert, der deutliche Wettbewerbsvorteile bringen kann und Begeisterung hervorruft. Wenn man zum Kauf eines Fernsehers ein zeitlich begrenztes Schnupperabonnement bei einem Streamingdienstanbieter erhält, kann das zu höchster Zufriedenheit beim Kunden beitragen. Zur Liste der Begeisterungsmerkmale sind in den letzten Jahren zunehmend Faktoren hinzugekommen, die in der Lebenswirklichkeit der Menschen heute an Bedeutung gewonnen haben. Es geht dabei um Klimaschutz, Ressourcenschonung und soziale Verantwortung. Dies entspricht nicht den üblichen Begeisterungszugaben zu Produkten/Dienstleistungen der Vergangenheit, aber sie gewinnen zunehmend in der Gesellschaft an Akzeptanz und Bedeutung. Sie beeinflussen in immer größeren Bevölkerungsgruppen stark auch die Kaufentscheidung und das Image von Unternehmen auf dem Markt.

Kano-Modell und Compliance?

Da stellt sich die Frage: Was hat das Kano-Modell mit Compliance zu tun? Antwort: Es gibt einen Zusammenhang zwischen Compliance, Wirtschaftlichkeit und Nachhaltigkeit. Nachhaltigkeit und somit nachhaltiges Wirtschaften sind im Bewusstsein vieler Menschen die Lösung für Ressourcenverschwendung, Verschmutzung der Ökosysteme, Klimakatastrophe und andere von Menschen gemachte negative Auswirkungen, die die Lebensgrundlage der Menschen bedrohen. Compliancemanagement meint ja nicht nur die Einhaltung von Gesetz und Recht (Legal Compliance) sondern auch Geschäftsethik und unternehmerische Redlichkeit (Corporate Compliance) und damit verantwortliches Handeln im Sinne der Menschheit.

Die Veränderungen der Begeisterungsmerkmale und ihre wachsende Bedeutung bleiben natürlich auch dem Gesetzgeber nicht verborgen. Je mehr solche Themen wie Ressourcenschonung oder soziale Verantwortung den gesellschaftlichen Diskurs bestimmen, desto mehr werden rechtliche Regelungen diese gesellschaftlichen Themen aufgreifen. An dieser Stelle möchte ich mit ein paar Beispielen aufwarten.

5.2.1 Thema: Nachhaltigkeit

Agenda 2030

2016 haben die UN im Rahmen ihrer Nachhaltigkeitsstrategie mit der „Agenda 2030" 17 Ziele zur nachhaltigen Entwicklung der Welt verabschiedet, darunter Ziele zu Themen wie Klimawandel, Beschäftigung oder Energieeffizienz.

Lieferkettensorgfaltspflichtengesetz

Mit dem Lieferkettensorgfaltspflichtengesetz (LkSG) hat die Bundesregierung 2021 ein Gesetz zur Umsetzung von Teilen dieser Agenda erlassen. Ziel ist es, den Schutz der Menschenrechte in globalen Lieferketten zu verbessern. Dabei geht es um die Einhaltung grundlegender Standards der Menschenrechte wie des Verbots von Kinderarbeit und Zwangsarbeit, außerdem um den Schutz der Umwelt vor schädlichen Einflüssen wie Boden- und Gewässerverschmutzung und Emissionen. Damit übernehmen deutsche Unternehmen Verantwortung und auch Haftung für ihre Zulieferer, egal, wo diese auf der Welt ihren Firmensitz haben.

EU-Lieferkettengesetz

Am 23. Februar 2022 hat die EU-Kommission ihren Vorschlag für ein Gesetz über Nachhaltigkeitspflichten von Unternehmen, das sogenannte EU-Lieferkettengesetz, vorgelegt. Das Gesetz soll Firmen zur Einhaltung der Menschrechte und des Umweltschutzes in der gesamten Wertschöpfungskette innerhalb ihres eigenen Geschäftsbereichs verpflichten. Das EU-Lieferkettengesetz geht deutlich über das ab Januar 2023 geltende deutsche Lieferkettengesetz (LkSG) hinaus. Die Bedeutung dieses Themas nimmt für die Zukunft weiter zu,daher sind weitere rechtliche Regelungen zu erwarten.

5.2.2 Thema: Klimaschutz

Agenda 2030

In der Agenda 2030 befasst sich das Ziel Nr. 13 mit dem „Klimaschutz", um die Widerstandskraft und Anpassungsfähigkeit der Welt gegenüber klimabedingten Gefahren und Naturkatastrophen besser zu schützen.

Green Deal

Der European Green Deal von 2019 der EU-Kommission ist ein Programm, um die Europäische Union bis 2050 klimaneutral zu machen. Zur Umsetzung sind verschiedene EU-Richtlinien und Verordnungen in Vorbereitung.

Klimaschutzgesetz

In Deutschland ist 2020 das Klimaschutzgesetz verabschiedet worden. Es weist den Weg Deutschlands zur Klimaneutralität bis 2045. Nach dem Beschluss des Bundesverfassungsgerichts vom 29. April 2021 und mit Blick auf das europäische Klimaziel für das Jahr 2030 hat die Bundesregierung am 12. Mai 2021 das geänderte Klimaschutzgesetz vorgelegt. Der Bundestag hat die Klimaschutznovelle am 24. Juni 2021 beschlossen. Sie hat am 25. Juni 2021 auch den Bundesrat passiert. Zum Schutz zukünftiger Generationen wurden die Anforderungen in der Klimaschutznovelle verschärft.

Begeisterungsmerkmal → wird Leistungsmerkmal → wird Basismerkmal

Auch das Kano-Modell beschreibt diesen Wertigkeitswandel der Merkmale im Lauf der Zeit, da ein Gewöhnungseffekt entsteht. Ein Begeisterungsmerkmal kann zu einem Leistungsmerkmal und später zu einem Basismerkmal werden. Ihre Werkstatt wäscht Ihr Auto kostenfrei nach jedem Werkstattaufenthalt. Nach dem x-ten Mal werden Sie das gewaschene Auto als selbstverständlich ansehen und diesen Zustand voraussetzen. Bekommen Sie Ihr Auto dann einmal ungewaschen zurück oder sollten Sie für diesen Service zahlen müssen, wird das sicherlich zur Unzufriedenheit Ihrerseits führen.

Begeisterungsmerkmale im Blick behalten!

Der Schritt von der Verabschiedung der Agenda 2030 (in 2016) und daraus resultierenden Folgen bis hin zu gesetzlichen Maßnahmen, die einzelne Nachhaltigkeitsziele zu unterstützen, dauerte nur ca. fünf Jahre; in den Zeitdimensionen von Unternehmen gerechnet liegt das am Ende des Zeitraums üblicher Mittelfristplanung. Unternehmen sind also gut beraten, Themen, die heute unter die Begeisterungsfaktoren fallen, aber für Kunden/Stakeholder eine wachsende Bedeutung bekommen, im Auge zu behalten. Dabei ist für das eigene Unternehmen zu entscheiden, welche Relevanz ein Thema für das Unternehmen zukünftig haben kann, um daraus Handlungsbedarf abzuleiten, bevor der Gesetzgeber das zur Pflicht macht.

Compliance als Chance

In Form eines Gleichnisses ausgedrückt: Jeder weiß, wenn er im Sommer mit dem Auto gen Süden in Urlaub fährt, dass er in einen Stau geraten wird. Die Erfahrung lehrt uns, dass es besser ist, im Stau an der Spitze zu stehen und nicht an seinem Ende. Nur die an der Spitze erreichen als erste ihr Ziel, die anderen verlieren wertvolle Zeit und ggf. Kunden, Mitarbeiter sowie ihre Zukunftsfähigkeit. Es ist heute unbestritten, dass Compliance ein wesentlicher Erfolgsfaktor für Unternehmen ist; sie sollte daher von den Unternehmenslenkern als Chance verstanden werden, die zu ergreifen sich im Sinne des Strebens nach Nachhaltigkeit lohnt.

6 Integration der Forderungen des CMS in ein IMS

6.1 Einführung

Übereinstimmungen und Unterschiede

Integrierte Managementsysteme sind in Unternehmen heute eher die Regel als die Ausnahme. Dank der Harmonized Structure (HS), deren gemeinsamer Struktur und der Harmonisierung der bestehenden Managementsysteme gibt es in den Normen viele Kapitel mit vergleichbaren Forderungen. Dies gilt insbesondere für die systemrelevanten Kapitel, die allgemeingültige Anforderungen bezüglich Aufbau, Kontrolle und Überwachung der Systeme formulieren. In diesen Fällen kann und sollte auch die Erfüllung dieser Forderung integriert erfolgen, z. B. nur eine Regelung für interne Audits oder dokumentierte Information. In anderen Fällen reicht eine normenspezifische Ergänzung (z. B. zur ISO 37301) zu einer bestehenden Regelung (Prozess/Verfahren) im IMS aus, um die Lücke zu schließen. Einen möglichen Weg zur Integration der ISO 37301 in ein IMS bestehend aus der ISO 9001, ISO 14001 und ISO 45001 beschreiben die folgenden Abschnitte: Kontext der Organisation (Abschnitt 6.2), Führung (Abschnitt 6.3), Planung (Abschnitt 6.4), Unterstützung (Abschnitt 6.5), Betrieb (Abschnitt 6.6), Bewertung der Leistung (Abschnitt 6.7) und Verbesserung (Abschnitt 6.8).

Kompatibilitätsmatrix_IMS.xlsx

Die Kompatibilitätsmatrix stellt die ISO 37301 den Standards ISO 9001, ISO 14001 und ISO 45001 in einer Übersicht gegenüber und gibt durch farbliche Kennzeichnung Hinweise über die Kompatibilität der grundlegenden Anforderungen im IMS.

Direkter Vergleich

Ein direkter Vergleich der Forderungen der ISO 37301:2021 mit dem, was die anderen Normen des IMS (ISO 9001, 14001, 45001) bereits an Regelungen mitbringen, zeigt, dass in den meisten Fällen schon die Erfüllung der Forderungen dieser Normen ausreicht, um auch den Anforderungen der ISO 37301 zu genügen (s. Kompatibilitätsmatrix, grüne Felder). Ein kleinerer Teil erfüllt die Forderungen nur zum Teil, d. h., die bestehenden Regelungen im IMS müssen hinsichtlich der ISO 37301 ergänzt werden (s. Kompatibilitätsmatrix, gelbe Felder). Es gibt aber auch einen restlichen Teil an Forderungen in der ISO 37301, die keinen oder nur mangelhaften Bezug zu Regelungen in den anderen Normen im IMS haben. Diese Kapitel müssen mit systemspezifischen Regelungen zum CMS neu erstellt werden (s. Kompatibilitätsmatrix, rote Felder).

Für eine Organisation, die ein Compliance-Managementsystem nach ISO 37301 erstmals einführen möchte, stellen sich zwei Aufgaben gleichzeitig: der Aufbau des Managementsystems und die Integration der Anforderungen in das bestehende normative Gerüst des IMS. Das große Ziel sollte dabei am Ende sein: erstens die Implementierung eines zertifizierfähigen CMS gemäß den Anforderungen der ISO 37301 und zweitens die Nutzung von bestehenden Regelungen des IMS für vergleichbare Forderungen der ISO 37301, um Redundanzen im Gesamtsystem zu vermeiden.

Zertifizierbares CMS

Um ein zertifizierbares CMS zu implementieren, sollte man die Erfordernisse und Erwartungen der interessierten Parteien im Vorfeld kennen, die diese später zertifizieren sollen. Die Sichtweise eines Zertifizierungsauditors zu kennen und beim Aufbau des eigenen CMS zu berücksichtigen erleichtert die Aufgabe ungemein. In welcher Art CMS-Auditoren auf die ISO 37301:2021 blicken, lässt sich in deren Interpretation der Anforderungen nachvollziehen [8]. In einer chronologischen Rheihenfolge sind die Normenanforderungen der ISO 37301, die daraus abzuleitenden Aktivitäten (inkl. Erläuterungen) und die Art der benötigten (dokumentierten) Nachweise und Indikatoren (Kennzahlen) dargelegt. Die Ausführungen wurden bei den nachfolgenden Kapiteln zum Aufbau und zur Integration des CMS berücksichtigt.

Kategorien der Kompatibilität

In den nachfolgenden Kapiteln wird der Schwerpunkt der Ausführungen daher auf die Integration, d. h. die Kompatibilität der Forderungen der ISO 37301 mit denen der ISO 9001, ISO 14001 und ISO 45001 gelegt. Die Kompatibilität lässt sich zur Vereinfachung in drei Kategorien unterteilen:

- Anforderungen sind unmittelbar (direkt) vergleichbar (z. B. 4.2 „Verstehen der Erfordernisse und Erwartungen interessierter Parteien", kommt in allen drei IMS-Normen vor);
- Anforderungen sind mittelbar (indirekt) vergleichbar (z. B. 4.5 „Compliance-Verpflichtungen", kommt in der ISO 14001/45001 in 6.1.3 „Bindende Verpflichtungen" vor);
- Anforderungen sind nicht vergleichbar (z. B. 8.3 „Äußern von Bedenken", kommt nur in der ISO 37301 vor).

Um die Kompatibilität bzw. den Kompatibilitätsgrad der Forderungen der ISO 37301 mit denen der Managementsystemen des IMS übersichtlich anzuzeigen, sind die Felder der Forderungen des CMS in den folgenden Abschnitten 6.2 bis 6.8 durch Buchstaben bzw. farblich markiert.

A – Kompatibilität hoch	**B** – Kompatibilität mittel	**C** – Kompatibilität gering

Der Übersichtlichkeit halber sind die Ergebnisse bezüglich Integration in Listenform dargestellt. Zunächst werden die Forderungen der ISO 37301 genannt. Es folgt die Erläuterung der Kompatibilität der Forderungen und der Form der Integration der Anforderung des CMS ins IMS. Dann werden die dazu notwendigen Aktivitäten (To-dos) genannt. Es folgen weitere Hinweise zur Erläuterung der Umsetzung oder Integration. Ggf. sind weitere nützliche Informationen zu den Kapiteln vor- oder nachgestellt.

Normkapitel 4

6.2 Kontext der Organisation

Normkapitel 4.1

6.2.1 Verstehen der Organisation und ihres Kontextes

Kompatibilität

B – Kompatibilität mittel

Forderung des CMS

Relevante interne und externe Themen bestimmen, die sich auf das CMS und seine beabsichtigten Ergebnisse auswirken können (Klartextanalyse).

Integration ins IMS

Anforderungen sind im Prinzip über die bestehenden Managementsysteme des IMS abgedeckt. Eine integrierte Kontextbeschreibung ist für das IMS möglich.

To-dos

Vergleichen, ob alle genannten Kontextthemenbeispiele im IMS erfasst sind. Bezüglich des CMS kommen die Kontextthemen religiös/ethisches Verhalten, Rechtssysteme, Justiz, ggf. auch für unterschiedliche Länder hinzu. Weitere Themen können sich ggf. aus der Aufzählung in Normkapitel 4.1 ergeben, z. B. Rechtssystem, Rechtsprechung, Korruption, politische Einflüsse auf den Rechtsstaat oder politische Stabilität sowie aus dem Schaubild 1 „Elemente des CMS".

Hinweise

Die zukünftig absehbare Entwicklung des Kontexts sollte (Empfehlung aus Anhang A.4.1, keine Forderung) bei der Kontextanalyse mitberücksichtigt werden. Ggf. kann dies auch auf die andere Managementsysteme des IMS ausgeweitet werden.

Normkapitel 4.2

6.2.2 Erfordernisse und Erwartungen interessierter Parteien

Kompatibilität

A – Kompatibilität hoch

Forderung des CMS

Relevante interne und externe interessierte Kreise sowie deren Anforderungen und Erwartungen bezüglich Compliance bestimmen (Stakeholderanalyse). Festlegen des Umgangs der Organisation mit den Stakeholdern und ihren Bedürfnissen.

Integration ins IMS

Anforderungen im Prinzip über die bestehenden Managementsysteme des IMS abgedeckt. Integrierte Beschreibung des Stakeholdermanagements für das IMS möglich.

To-dos

Vergleichen, ob alle Stakeholder im IMS auch für das CMS erfasst sind.

Die ISO 37301 führt in A.4.2 ergänzend Beispiele für mögliche interne/externe Stakeholder an. Bezüglich des CMS könnten als Stakeholder z. B. Richter, Staatsanwälte, Fachanwälte, Justitiare, Wirtschaftsprüfer, Steuerberater, Compliance Officer usw. hinzukommen. Diese sind in die bestehende Stakeholderanalyse des IMS zu integrieren.

Hinweise

Keine

Normkapitel 4.3

6.2.3 Verstehen des Anwendungsbereichs des CMS

Kompatibilität

A – Kompatibilität hoch

Forderung des CMS

Bestimmen der organisatorischen und geografischen Grenzen und des Anwendungsbereichs des CMS. Dabei sind zu berücksichtigen der Kontext (4.1) und die interessierten Parteien (4.2) der Organisation sowie für das CMS die Compliance-Verpflichtung (4.5) und Compliancerisikobeurteilung (6.6). Der Anwendungsbereich muss dokumentiert sein.

Integration ins IMS

Der Geltungsbereich des CMS sollte im Regelfall durch das IMS weitgehend abgedeckt sein. Bei Konzernstrukturen könnte die Konzernzentrale, Stichwort

„Oberstes Organ“ (5.1.1), bei der Zertifizierung einer Konzerntochtergesellschaft noch nicht im Geltungsbereich erfasst sein. Auch 4.5 und 4.6 sind für den Geltungsbereich neu, da die anderen Systeme des IMS keine vergleichbare Anforderung haben. Daher ist zu beachten, dass der Anwendungsbereich auch ausländische Tochtergesellschaften und wesentliche Beteiligungen umfassen kann, die ggf. im bestehenden IMS unberücksichtigt bleiben. Im CMS kann von diesen Tochtergesellschaften/Beteiligungen aber ein wesentliches Compliancerisiko ausgehen.

To-dos

Erweitern des Geltungsbereichs ggf.

- auf die Konzernzentrale (Vorstand) wenn eine Konzernstruktur der Organisation übergeordnet ist,
- auf Tochtergesellschaften und Beteiligungen im Ausland.

Hinweise

Bei der Erweiterung des Geltungsbereichs um die Konzernzentrale wird die Zentrale mit dem obersten Organ Bestandteil des IMS und unterliegt somit auch der Pflicht zur internen/externen Auditierung und Einbindung in das Managementreview.

Normkapitel 4.4

6.2.4 Compliance-Managementsystem

Kompatibilität

A – Kompatibilität hoch

Forderung des CMS

Aufbau, Verwirklichung, Aufrechterhaltung und Verbesserung des CMS gemäß den Anforderungen der ISO 37301. Einführung der dafür notwendigen Prozesse unter Berücksichtigung des Kontextes von Werten, Strategien und Compliancerisiken.

Integration ins IMS

Keine grundsätzlich anderen Anforderungen in der ISO 37301, die über die Forderungen der ISO 9001/ISO 14001/ISO 45001 des IMS hinausgehen. Die Beschreibung zum Managementsystem des IMS dürfte die Anforderungen der ISO 37301 weitgehend abdecken. Bei einer Konzernstruktur ist die Konzernzentrale mit dem obersten Organ in das Managementsystem mit einzubeziehen.

To-dos

Ergänzung des Prozessschaubilds um die Prozesse des CMS. Erweiterung der IMS-Politik um CMS-Themen. Erstellung der notwendigen Prozessdokumentation um neue Anforderungen durch das CMS. Davon betroffen sind Forderungen der ISO 37301, die nur eine geringe oder keine Kompatibilität mit den anderen Normen des IMS aufweisen (rote Markierung der Forderung des CMS im Normkapitel 6).

Hinweise

Keine

Normkapitel 4.5

6.2.5 Compliance-Verpflichtung

Kompatibilität

B – Kompatibilität mittel

Forderung des CMS

Erfassung aller Compliance-Verpflichtungen (z. B. Rechts- und Genehmigungskataster), die sich aus Aktivitäten, Produkten/Dienstleistungen ergeben. Analysieren, welche Auswirkungen und Folgen diese für die Organisation bezüglich Rechtspflichten hat. Dazu müssen die entsprechenden Prozesse eingerichtet werden. Veränderungen der Compliance-Verpflichtungen und deren Folgen sind zu bewerten.

Integration ins IMS

In der ISO 14001 und ISO 45001 existieren vergleichbare normative Anforderungen (6.1.3) bezüglich bindender Verpflichtungen (rechtliche und freiwillige Pflichten). Es sind im IMS also Prozesse zur Erfassung rechtlicher und sonstiger bindender Verpflichtungen vorhanden. In beiden Fällen beziehen sich die Pflichten nur auf eine Teilmenge der in der ISO 37301 geforderten Pflichten. Die Prozesse zur Erfassung und Aktualisierung von bindenden Verpflichtungen sind im IMS bereits vorhanden. Gleiches gilt im Grundsatz für das Rechts- und Genehmigungskataster und den Umgang mit Rechtspflichten hinsichtlich Delegation, Umsetzung und Überwachung.

To-dos

Ermittlung der Compliancepflichten anhand der Unternehmensaktivitäten und Produkte/Dienstleistungen (Matrix der Complianceermittlung).

Beispiele, was unter Compliancepflichten verstanden werden kann, sind der Aufzählung in A.4.5 zu entnehmen.

Erweiterung des Rechts- und Genehmigungskatasters auf alle die Organisation betreffenden und verbindlichen Vorgaben, wie:

- Gesetze, Verordnungen auf allen Ebenen (EU, Bund, Länder, ggf. andere Staaten),
- Genehmigungen inkl. Nebenbestimmungen und Auflagen,
- kommunale Satzungen, regionale Regeln,
- Normen BRD, EU, international, ggf. anderer Nationalitäten,

Des Weiteren notwendig ist, die Erstellung eines Katasters für Normen und freiwillige Verpflichtungen mit:

- freiwilligen Verpflichtungen wie Verhaltenskodizes (z. B. Code of Conduct, Public Corporate Governance Codex des Bundes),
- Einbindung bisher nicht berücksichtigter bindender Verpflichtungen in die bestehenden Complianceprozesse des IMS.

Ableiten von Handlungspflichten aus den Rechts- und sonstigen Pflichten und Delegation dieser Pflichten an kompetente Mitarbeiter, ggf. auch externe Dienstleister (z. B. Datenschutzbeauftragter).

Hinweise

Neben der Möglichkeit, die Kataster in Tabellenform zu führen, bietet sich heute auch die Alternative an, Rechtskataster, Genehmigungskataster und Handlungspflichtenkataster über eine Softwarelösung mit Datenbank zu realisieren. Angesichts der großen Zahl von Rechtspflichten, die ein Unternehmen über alle Rechtsgebiete haben kann, ist eine vernetzte durchgängige EDV-Lösung wohl am zweckmäßigsten.

R-K.xlsx

Als Arbeitshilfe finden Sie ein Muster für ein Rechtskataster in Tabellenform beigefügt.

G-Kataster.xlsx

Auch ein Muster für ein Genehmigungskataster ist als Arbeitshilfe in Tabellenform beigefügt.

P-Kataster.xlsx

Das beispielhafte Muster zur Erfassung von Pflichten aus dem Rechts- und Genehmigungskataster ist in Tabellenform ausgearbeitet.

Alle drei Muster enthalten einige Beispiele zur Bewertung und können hinsichtlich der betrieblichen Complianceanalyse weiterbearbeitet werden.

Normkapitel 4.6

6.2.6 Compliance-Risikobeurteilung

Kompatibilität

C – Kompatibilität gering

Forderung des CMS

Ermitteln und Bewerten von Risiken, die aus Verstößen gegen die bindenden Verpflichtungen der Organisation entstehen können. Das bezieht die Risiken von ausgegliederten Prozessen und dritten Parteien mit ein, die im Auftrag der Organisation arbeiten. Durch Maßnahmen sollen identifizierte inhärente Risiken in händelbare Restrisiken minimiert werden. Die Risikobewertung muss dokumentiert und regelmäßig aktualisiert werden.

Integration ins IMS

Diese Forderung der 37301 hat direkt keine Entsprechung in einem der Systeme des betrachteten IMS (auch nicht in der ISO 14001 und ISO 45001). In der Forderung geht es darum, dass potenzielle Non-Compliance hinsichtlich der Auftretenswahrscheinlichkeit und der Schwere der Auswirkung in der Ausprägung nicht gleich zu bewerten ist (z. B. Haftstrafen für die Führung, Geldstrafen für das Unternehmen, Imageverlust auf dem Markt).

Maßnahmen gegen Non-Compliance müssen gegenüber dem zu erwartenden Schaden bei Eintritt angemessen sein. Droht z. B. bei Eintritt eines potenziellen Non-Compliancevorfalls nur ein kleines Bußgeld oder ein für die Unternehmensexistenz bedrohlicher finanzieller Schaden, macht das einen Unterschied.

Hinsichtlich der Methodik der Bewertung lassen sich für die Anforderung aber Gemeinsamkeiten mit den Anforderungen nach 6.1 der ISO 9001 oder 6.1.1 der ISO 14001/ISO 45001 erkennen. Die dort anzuwendende Bewertungsmethodik im Umgang mit Risiken und Chancen lässt sich ohne großen Aufwand an die Risikobewertung der Bedeutung von Rechtsvorschriften oder sonstigen bindenden Verpflichtungen anpassen.

Ausgangspunkt der Bewertung sind das Rechts- und Genehmigungskataster, Normenkataster oder sonstige Kataster zu bindenden Verpflichtungen aus 4.5. Diese liefern den Input für die Compliance-Risikobeurteilung.

To-dos

Obwohl in der ISO 37301 nicht explizit gefordert, ist ein dokumentierter Prozess oder ein Verfahren zur Bewertung der Compliancerisiken sinnvoll.

Ggf. lässt sich dieser Prozess auch mit den Regelungen zu 6.1 „Maßnahmen zum Umgang mit Risiken und Möglichkeiten" der ISO 37301 zusammenfassen (z. B. ein gemeinsamer Prozess). Auch dort müssen Risiken und Chancen, die aber außerhalb von Compliance liegen, erfasst und bewertet werden. In diesem Fall können Bestandsprozesse des IMS aus der ISO 14001/ISO 45001 um die Bedürfnisse der ISO 37301 erweitert werden.

Das zur Bewertung der Compliancerelevanz notwendige Matrixsystem sollte für 4.6 separat von 6.1 „Maßnahmen zum Umgang mit Risiken und Chancen" geführt werden, da spezifische Bewertungspunkte im Matrixverfahren an die Bedürfnisse der Compliancebewertung angepasst werden müssen. Ein weiterer Grund ist der Wegfall der Chancen-/Möglichkeiten-Bewertung, da in 4.6 nur eine Risikobewertung, aber keine Chancenbewertung gefordert ist.

In der Praxis haben sich im Rahmen von Managementsystemen zwei Methoden zur Risikobewertung etabliert: das aus dem Arbeitsschutz abgeleitete Verfahren nach Nohl und das aus der Automobilindustrie bekannte Verfahren der Fehler-Möglichkeit-Einfluss-Analyse (FMEA). Der wesentliche Unterschied besteht in der unterschiedlichen Zahl der Bewertungskriterien.

Die Methode nach Nohl nutzt zur Risikobewertung zwei Kriterien, zum einen die Wahrscheinlichkeit, dass sich das Risiko realisiert, und zum anderen den dadurch entstehenden Schaden (Schadenshöhe). Der Schaden kann sowohl materieller als auch immaterieller Natur sein.

Die Methode gemäß der FMEA nutzt die gleichen Kriterien wie die Nohl-Methode, aber zur Bewertung kommt ein drittes Kriterium hinzu. Dieses Kriterium berücksichtigt die Wirksamkeit bestehender Kontroll- oder Frühwarnmaßnahmen hinsichtlich Non-Compliance. Solche Maßnahmen verringern die Eintrittswahrscheinlichkeit und ggf. auch das Schadensausmaß.

Nach der Erstbewertung müssen bei einer zu hohen Risikoeinstufung (gemäß Bewertungskriterien) Risikominderungsmaßnahmen eingeleitet werden. Nach Abschluss der Maßnahmen ist nach sechs bis zwölf Monaten eine Neubewertung des Compliancerisikos durchzuführen. Ist das Restrisiko noch zu hoch (Bewertungsstufe rot oder gelb), erfolgt eine weitere Runde der

Risikoreduzierungsmaßnahmen. Erst wenn das Restrisiko im grünen Bereich liegt, sind weitere Maßnahmen nicht nötig.

Die Risikobewertung sollte von einem kleinen Team aus den Unternehmensbereichen mit den meisten Compliancerisiken unter Leitung des Compliance Officer durchgeführt werden. Risikoanalyse und -bewertung sind bei wesentlichen Veränderungen (z. B. neue oder geänderte Unternehmensaktivitäten, Non-Comliancevorfälle) in der Compliancelandschaft zu überprüfen. Gleiches gilt für eine regelmäßige Überprüfung der Aktualität der bestehenden Bewertung (empfohlen einmal jährlich).

Die Ergebnisse der Risikobewertung und die daraus abgeleiteten Maßnahmen sowie deren Ergebnisse müssen als dokumentierte Information vorhanden sein.

Hinweise

Ausführliche Erläuterungen zum Arbeiten mit der Bewertungsmatrix sind dem jeweiligen Kataster zu entnehmen.

Nach dem von der Organisation gewählten Verfahren (Nohl oder FMEA) kann auch bei Normen und sonstigen Regeln setzenden Vorgaben eine Compliance-Risikobeurteilung durchgeführt werden.

Weitere hilfreiche Informationen zur Methodik der Risiko- und Chancenbewertung können der Fachbroschüre „Chancen nutzen, Risiken überwachen" [9] entnommen werden.

RA_Nohl.xlsx

Zum Download beigefügt finden Sie als Arbeitshilfe ein Muster für eine Matrix zur Compliancerelevanzanalyse nach Nohl.

RA_FMEA.xlsx

Auch ein Muster für eine Matrix zur Compliancerelevanzanalyse gemäß FMEA finden Sie als Arbeitshilfe vorbereitet zum Download.

Beide Muster enthalten einige Beispiele zur Bewertung und können hinsichtlich der betrieblichen Complianceanalyse angepasst werden.

Normkapitel 5

6.3 Führung

Normkapitel 5.1

6.3.1 Führung und Verpflichtung Kompatibilität

Kompatibilität

B – Kompatibilität mittel

Forderung des CMS

a) 5.1.1 „Oberstes Organ und oberste Leitung"

Beide Führungsgremien müssen für das CMS Führung und Verpflichtung übernehmen im Hinblick auf Politik, Ziele, Ressourcen, Kommunikation, Verbesserung und CMS-Organisation.

Sie müssen sicherstellen, dass

- die Compliancewerte der Organisation festgelegt werden,
- die Complianceangelegenheiten angemessen behandelt werden,
- die Complianceverantwortung transparent und nachvollziehbar geregelt wird.

Integration ins IMS

In den Normen des IMS sind teilweise vergleichbare Anforderungen an die oberste Leitung formuliert. In der ISO 37301 ist die Führungsverantwortung aufgeteilt auf die oberste Leitung (z. B. Geschäftsführer Tochtergesellschaft) und das überordnete oberste Organ (z. B. Vorstand Muttergesellschaft). Aufgrund des Erweiterns der Führung auf zwei Gremien müssen deren Rollen und Verantwortungsbefugnisse im Hinblick auf das IMS inkl. CMS klar definiert werden.

Die Aufgaben der obersten Leitung aus den Managementsystemen des IMS erfüllen weitgehend auch die Aufgaben für die ISO 37301. Eine Integration mit der ISO 37301 bietet sich für die oberste Leitung somit an.

Die Beteiligung des obersten Organs ist nur eine Forderung der ISO 37301 und sollte durch eine separate Beschreibung ihrer Aufgaben und Befugnisse inkl. der Schnittstellen zur obersten Leitung festgelegt werden.

Oberstes Organ und oberste Leitung bilden normativ eine Einheit, wenn es keine übergeordnete Gesellschaft gibt, sondern es sich um ein Einzelunternehmen ohne Muttergesellschaft handelt.

To-dos

Die Aufgaben und Verantwortlichkeiten der obersten Leitung im IMS sind hinsichtlich der Anforderungen der ISO 37301 zu erweitern.

Die Aufgaben und Verantwortlichkeiten des obersten Organs sind zu definieren (dokumentiert). In diesem Zusammenhang sind die Schnittstellen zur obersten Leitung zu definieren. Dies kann geschehen durch einen Prozess für das oberste Organ, einen Geschäftsverteilungsplan oder Gesellschaftsvertrag zwischen oberster Leitung und dem obersten Organ oder ein sonstiges Führungsdokument, das Rollen, Verantwortlichkeiten und Befugnisse beider Führungsgremien sowie deren Schnittstellen beschreibt.

Im Fall einer Einzelgesellschaft übernimmt die oberste Leitung auch die normativen Funktionen des obersten Organs, inkl. aller Pflichten.

Hinweise

Im Anhang A.5.1.1 sind Beispiele aufgelistet, welche Möglichkeiten es für die oberste Leitung und das oberste Organ gibt, ihren normativen Verpflichtungen nachzukommen.

Die Forderungen nach Complianceführung müssen in den folgenden Normenkapiteln 5.1.2, 5.1.3, 5.2 und 5.3 operativ umgesetzt werden.

Kompatibilität

C – Kompatibilität gering

Forderung des CMS

b) 5.1.2 „Compliancekultur"

Die direkte Forderung an eine Managementsystemkultur wird weder in der ISO 9001 noch in der 14001 oder 45001 gestellt. Eine wichtige Grundlage für die Wirksamkeit eines CMS ist die innere Haltung der Mitarbeiter zur Einhaltung übergeordneter Regeln wie etwa Rechtsvorschriften. Ohne ein entwickeltes Unrechtsbewusstsein bei den Mitarbeitern und ohne das proaktive Einsetzen für bindende Pflichten sind jedweder Non-Compliance Tür und Tor geöffnet.

Um dieses Verhalten bei den Mitarbeitern zu erreichen, sind Information und Kommunikation sowie bewusstes Vorleben von Compliance durch alle Leitungsebenen absolut notwendig.

Integration ins IMS

Die bestehenden Werkzeuge und Instrumente zu 7.2 (Schulung), 7.3 (Bewusstsein) und 7.4 (Kommunikation) des IMS sind zu nutzen, um das notwendige Wissen für eine Compliancekultur in die Belegschaft zu tragen. Außerdem sollte ein Verhaltensstandard (z. B. Compliancerichtlinie) für das Unternehmen den Mitarbeitern und interessierten Kreisen eine Richtschnur geben.

To-dos

Entwickeln von Maßnahmen zur Förderung einer Compliancekultur in der Belegschaft. Formulieren und Kommunizieren einer Compliancericht- oder -leitlinie für die Organisation.

Die typischen Regelungsinhalte einer Compliancerichtlinie sind:

- Rechtstreues Verhalten
- Führung, Verantwortung und Aufsicht
- Gesellschaftliche und ethische Verantwortung

- Gegenseitiger Respekt, Ehrlichkeit und Integrität
- Gleichbehandlung und Diskriminierungsverbot
- Vermeiden von Interessenkonflikten
- Verbot von Bestechung und Korruption
- Restriktive Vorgaben zu Einladungen, Geschenken und Veranstaltungen
- Außenwirtschafts- und Exportkontrolle
- Zusammenarbeit mit Kunden und Lieferanten, Verbot von kartellrechtlich relevanten Absprachen
- Spenden und Sponsoring
- Datenschutz und Informationssicherheit
- Schutz des Unternehmensvermögens, Betrug und Diebstahl
- Arbeitssicherheit, Umweltschutz und Nachhaltigkeit
- Informationspflicht bei Non-Compliance-Verdacht
- Verhinderung von Vergeltungsmaßnahmen
- Konsequenz bei Complianceverstößen
- Ansprechpartner und Compliance Officer

Die genannten Themen sind eine mögliche Auswahl für eine Compliancerichtlinie; die Organisation muss auf der Basis ihres Business die für sie relevanten Themen und deren Regelungsinhalte bestimmen.

Hinweise

Etliche Unternehmen veröffentlichen ihre Compliancerichtlinie zur Information externer interessierte Kreise im Internet. Sie kann dort jederzeit eingesehen werden.

Kompatibilität

C – Kompatibilität gering

Forderung des CMS

c) 5.1.3 „Complianceführung"

Die Forderung nach einer unabhängigen Compliancefunktion (Compliance Manager oder Compliance Officer) ist eine Forderung der ISO 37301. In ISO 9001 und IOS 14001 hat es vor der Revision im Jahr 2015 den Qualitäts- und/oder Umweltmanager gegeben. Diese explizite Forderung ist mit der Revision entfallen, und die Organisation konnte die Verantwortlichkeit für das Managementsystem eigenständig regeln. Nun taucht sie in der ISO 37301 wieder auf. Der Schwerpunkt der Aufgaben liegt nicht in der Betreuung des Managementsystems, sondern in der Absicherung gegen Non-Compliance in der Organisation und der Funktionsfähigkeit der dafür notwendigen Prozesse.

Die Compliancefunktion ist durch die oberste Leitung und das oberste Organ einzurichten und mit allen Kompetenzen und Ressourcen zur Aufgabenerfüllung auszustatten. Dazu gehört auch ein direktes Zugriffsrecht auf die oberste Leitung respektive das oberste Organ. Die Compliancefunktion ist in ihrer Arbeit unabhängig von anderen Führungskräften und nur der obersten Leitung sowie dem obersten Organ gegenüber verantwortlich. Die Funktion kann durch eine Person oder eine Personengruppe ausgeübt werden.

Integration ins IMS

Die Funktion eines oder mehrerer Compliance Officer ist einzurichten; dabei sind mögliche Schnittstellen zu den anderen Managementsystemen zu berücksichtigen, z. B. in den Prozessen, bei denen ein erhöhtes Risiko von Non-Compliance-Vorfällen besteht (z. B. Beschaffung, Vertrieb, Produktion, Buchhaltung).

To-dos

Erstellen einer dokumentierten Beschreibung zur Rolle, Kompetenz und Verantwortlichkeit des Compliance Officer. Ernennung des/der Compliance Officer inkl. Bestellung mit der Funktions- oder Stellenbeschreibung.

Bekanntmachung der neuen Funktion(en) durch Organigramme, Aushänge, Intranet, Kommunikation durch oberste Leitung und/oder oberstes Organ.

Sicherstellen, dass die Compliancefunktion die für die Aufgabe notwendige Qualifikation (nachweislich) besitzt.

Hinweise

Ausbildung und Schulungen zum Compliance Officer wird von vielen Schulungsträgern im Bereich Ausbildung zu Managementsystemen angeboten [10].

Normkapitel 5.2

6.3.2 Compliance-Politik

Kompatibilität

B – Kompatibilität mittel

Forderung des CMS

Es ist eine adäquate Compliance-Politik festzulegen, die folgende Funktionen erfüllen muss:

- Grundlage für Complianceziele,
- Verpflichtung zur Compliancekonformität,
- und fortlaufenden Verbesserung.

Die Politik muss als Dokument verfügbar sein und intern und, soweit angemessen, extern kommuniziert werden.

Integration ins IMS

Hinsichtlich der Forderung nach einer Managementsystempolitik sind mit den drei Normen des IMS bis auf CMS-spezifische Details auch die Forderungen der ISO 37301 erfüllt. Eine integrierte Politik für das IMS unter Einschluss des CMS ist zu empfehlen.

Die Kernaussage der CMS-Politik ist die Einhaltung aller Compliance-Verpflichtungen der Organisation. Für Teilgebiete der Compliance gilt das bereits für die ISO 14001 (Umweltrecht) und die ISO 45001 (Arbeitsschutzrecht).

Im IMS nicht berücksichtigt sind Aussagen zu folgenden Forderungen der ISO 37301:

- Complianceführung durch die Leitung
- Einhaltung von Compliance-Verpflichtungen und Maßnahmen gegen Non-Compliance
- ein funktionierendes Verfahren zum Umgang mit Whistleblowern (Meldung von Bedenken)

To-dos

Um eine IMS-Politik verständlich und einprägsam zu machen, gilt auch in diesem Punkt der Grundsatz: „In der Kürze liegt die Würze." Da die meisten Anforderungen der ISO 37301 zur Politik in einer integrierten IMS-Politik bereits enthalten sein dürften, braucht diese nur um zwei Kernaussagen erweitert zu werden.

Aussage 1: Die oberste Leitung fordert von allen Beschäftigten die Einhaltung von Compliance und macht dies durch die Compliancerichtlinie deutlich.

Aussage 2: Alle Mitarbeiter und interessierten Parteien sind aufgefordert, alle potenziellen Compliancegefährdungen zur Meldung zu bringen.

Hinweise

Mit dem Verweis auf eine bestehende Compliancerichtlinie, die Details beschreibt, kann man auf eine weitere Detaillierung zum Thema Compliance in der Politik verzichten. In der Compliance-Politik bzw. Compliancerichtlinie sind ggf. auch internationale bindende Verpflichtungen zu berücksichtigen.

Normkapitel 5.3

6.3.3 Rollen, Verantwortlichkeiten und Befugnisse

Im Gegensatz zu ISO 9001, ISO 14001 und ISO 45001 ist das Normkapitel 5.3 in der ISO 37301 stärker untergliedert (5.3.1 bis 5.3.4) und detaillierter in den Forderungen dargestellt. Die grundsätzlichen Anforderungen hinsichtlich der Organisationspflichten der obersten Leitung stimmen in allen vier ISO-Normen aber überein. Das betrifft die Zuweisung von Verantwortung und Befugnissen für alle relevanten Rollen in der Organisation und das Festlegen von Berichtsketten. Diese Regelungen sind nachvollziehbar zu dokumentieren.

Kompatibilität

B – Kompatibilität mittel

Forderung des CMS

a) 5.3.1 Oberstes Organ und oberste Leitung

Oberstes Organ und oberste Leitung müssen Rollen, Befugnisse und Verantwortung erteilen, dass das CMS die Anforderungen erfüllt und dazu ein Berichtswesen organisiert ist.

Das oberste Organ muss die oberste Leitung hinsichtlich Wirksamkeit des CMS und der Erreichung der Complianceziele überwachen.

Die oberste Leitung muss die Funktionalität des CMS mittels geeigneter Maßnahme und die Kompatibilität zwischen den Compliance-Verpflichtungen und den strategischen sowie operativen Zielen sicherstellen.

Integration ins IMS

Die Verantwortlichkeiten der obersten Leitung für das CMS sind vergleichbar mit denen der anderen Managementsysteme des IMS. Hinsichtlich der dabei zu berücksichtigenden Themen gibt es ein paar spezifische Besonderheiten wie die Einrichtung eines Meldesystems für Bedenken und Non-Compliance.

Die Verantwortlichkeit des obersten Organs ist nur eine Forderung der ISO 37301, wenn es neben der Organisation (Tochtergesellschaft) und deren Geschäftsführung eine übergeordnete Zentrale (Konzern) mit einem Vorstand gibt. Complianceereignisse lassen sich häufig nicht auf eine Tochtergesellschaft begrenzen, da die Zentrale eine Aufsichtspflicht hinsichtlich Rechtskonformität über ihre Töchter ausübt. Dieses Zusammenspiel der Führungsebenen in Konzernstrukturen ist in den anderen Normen keine explizite Forderung.

To-dos

Klären der Verantwortlichkeiten zwischen oberster Leitung und oberstem Organ. Beschreiben dieser Verantwortlichkeiten und ihrer Schnittstellen hinsichtlich Befugnissen, Berichtswesen und Meldeketten.

Das Zusammenspiel zwischen oberster Leitung und oberstem Organ sollte in einem Schaubild (Ablaufdiagramm) oder einem Verfahren beschrieben werden. Gibt es für die oberste Leitung im IMS bereits eine Prozessbeschreibung hinsichtlich 5.1 „Führung und Verpflichtung", kann diese auch um die Verantwortung des obersten Organs ergänzt werden.

Hinweise

Die Nachweisführung über Kompetenzregelungen zwischen oberster Leitung und oberstem Organ kann über Gesellschaftervertrag, Geschäftsverteilungsplan, Anstellungsverträge zur Geschäftsführung oder Vorstand oder Organigramme erfolgen.

Die Verantwortung für die gemeinsamen Elemente des IMS, z. B. Interne Audits, Dokumentierte Information oder Managementbewertung, kann auch für das CMS von einem zentralen Managementsystembeauftragten wahrgenommen werden. Der Compliance Manager ist dann nur für die fachspezifischen Prozesse des CMS zuständig.

Kompatibilität

C – Kompatibilität gering

Forderung des CMS

b) 5.3.2 Compliancefunktion

Das Kapitel beschreibt die Kernaufgaben der Compliancefunktion (Compliance Officer/Beauftragter/Manager). Die Aufzählung in 5.3.2 kann als Grundlage für eine Aufgabenbeschreibung des Compliance Officer genutzt werden.

Integration ins IMS

Die Funktion des Compliance Officer in die Aufbau- und Ablauforganisation der Organisation aufnehmen.

To-dos

Stellen- oder Funktionsbeschreibung für den Compliance Officer erstellen.

Information in der Organisation über die Besetzung dieser Rolle durchführen.

Die Besetzung der Funktion mit sachkundiger Person sicherstellen, ggf. Schulungsmaßnahmen zum Compliance Officer organisieren.

Die bestehenden IMS-Prozesse sind auf Beteiligungspflichten für den Compliance Officer zu prüfen und ggf. Aufgaben, Beteiligungen und Mitwirkungen in den Prozessen zu ergänzen.

Hinweise

Stellen- oder Funktionsbeschreibungen von Managementsystembeauftragten zum QMB oder UMB können als Muster für den Compliance Officer dienen. Im Internet sind entsprechende Musterbeschreibungen zu finden.

Das 5.3.2 enthält eine Aufzählung von Aufgaben, die in Verbindung mit A.5.3.2 im Anhang 1 auch als Grundlage für eine Stellen- oder Funktionsbeschreibung genutzt werden kann.

An dieser Stelle möchte ich darauf verweisen, dass das Wirken der Compliancefunktion weder Führungskräfte noch Personal von ihrer Verpflichtung für das Compliance-Managementsystem befreit.

Kompatibilität

C – Kompatibilität gering

Forderung des CMS

c) 5.3.3 Leitung

In der ISO 37301 wird explizit die Beteiligung der Führungskräfte am CMS in ihrem Verantwortungsbereich gefordert. Dies umfasst die Zusammenarbeit mit dem Compliance Officer ebenso wie die Überwachung von Complianceanforderungen in ihrem Verantwortungsbereich sowie die Förderung des Compliancebewusstseins und die Ermittlung des Bedarfs an Complianceschulung bei ihren Mitarbeitern.

Integration ins IMS

Im IMS sind die Führungskräfte auch verantwortlich für die Umsetzung der Anforderungen der anderen Normen, z. B. des Umwelt- oder Arbeitsschutzes. Das normative Aufgabenspektrum muss um die Forderungen der ISO 37301 (siehe normative Aufzählung 5.3.3) erweitert werden.

To-dos

Ergänzung von Stellen- und Funktionsbeschreibungen der Führungskräfte um ihre Aufgaben und ihre Verantwortung hinsichtlich Compliance. Dabei ist die Compliancerelevanz des Bereichs zu berücksichtigen.

Schulung der Führungskräfte hinsichtlich Complianceverantwortung unter Berücksichtigung der Compliancerelevanz ihres Verantwortungsbereichs.

Beteiligung der Führungskräfte an der Compliancekommunikation (z. B. Compliance Meetings) und Information (z. B. Complianceberichte).

Mitwirkung bei der Untersuchung von Non-Compliance-Vorgängen in ihrem Bereich.

Hinweise

Die Complianceverantwortung von Führungskräften variiert mit der Stellung in der Hierarchie und der Compliancerelevanz ihres Verantwortungsbereichs.

Die Vorbildfunktion der vorgesetzten Führungskräfte ist für ein funktionierendes CMS zwingend nötig.

Kompatibilität

C – Kompatibilität gering

Forderung des CMS

d) 5.3.4 Personal

Das Personal wird verpflichtet, die Complianceforderungen der Organisation einzuhalten. Die dazu notwendigen Maßnahmen sind zu ergreifen. Das Personal soll im Rahmen seiner Möglichkeiten zur Verbesserung des CMS beitragen.

Integration ins IMS

Diese Anforderung an das Personal wird in den drei anderen Normen explizit so nicht erhoben. Eine Beteiligung von Mitarbeitern an den Systemen wird nur indirekt über die oberste Leitung eingefordert.

Um eine nachweisbare Beteiligung des Personals im CMS zu ermöglichen, sind Kommunikation und Schulung derselben unabdingbar.

To-dos

Grad, Umfang und Methoden der Complianceinformation für die Mitarbeiter bezüglich ihrer Compliancebetroffenheit festlegen (z. B. in einer Kompetenzmatrix). Entsprechende Complianceschulungen planen und über Schulungspläne umsetzen. Entsprechende Schulungsnachweise sind zu führen.

Weitere Informations- und Kommunikationsinstrumente zur Bildung des Compliancebewusstseins und zur Stärkung der Sensibilität auswählen (Intranet, Berichtswesen, Veranstaltungen) und umsetzen.

Hinweise

Bei den Complianceschulungs- und -informationsmaßnahmen sollte ggf. die Personalvertretung (Personal- oder Betriebsrat) eingebunden werden.

Dem Personal sollten die Wege zum Äußern von Bedenken und zur Meldung von Non-Compliance bekannt sein.

Normkapitel 6

6.4 Planung

Normkapitel 6.1

6.4.1 Umgang mit Risiken und Möglichkeiten/Chancen

Kompatibilität

A – Kompatibilität hoch

Forderung des CMS

Die Forderung umfasst zum einen das Vermeiden von Risiken im CMS, zum anderen das Erkennen und Nutzen von Möglichkeiten zur Vermeidung von Non-Compliance. Dabei wird ein strukturiertes Vorgehen durch Identifikation, Analyse und Bewertung von Risiken, aber auch von Möglichkeiten gefordert. Aus der Bewertung sind Maßnahmen zum Umgang mit den Risiken und Chancen abzuleiten. Die Wirksamkeit dieser Maßnahmen ist zu verifizieren.

Integration ins IMS

Hinsichtlich des Normenkapitels 6.1 sind die Forderungen an den Umgang mit Risiken und Chancen in der ISO 9001/14001/45001vergleichbar. Die bestehenden Prozesse zur normativen Behandlung dieses Themas können eins zu eins auf die ISO 37301 übertragen werden. Auch die implementierten Erfassungs- und Bewertungstabellen des IMS können um weitere zusätzlich erkannte Compliancerisiken sowie Möglichkeiten/Chancen erweitert werden.

To-dos

Der/die im IMS vorhandene(n) Prozess(e) zum Umgang mit Risiken und Chancen kann/können für das CMS vollständig, für die Risiken, die nicht auf Complianceforderungen beruhen, genutzt werden. Gleiches gilt für die Möglichkeiten der ISO 37301, die mit den Chancen der anderen drei Normen gemeinsam behandelt werden können.

Für das CMS muss geprüft werden, ob alle Risiken und Chancen, die sich aus dem Kontext, den interessierten Parteien und den Compliancezielen ergeben, in der vorhandenen Risiko- und Chancenbetrachtung des IMS bereits enthalten sind, ggf. sind fehlende Positionen zu ergänzen.

Hinweise

Die Risiken, die auf Complianceforderungen beruhen, werden bereits im 4.6 Compliance-Risikobeurteilung der ISO 37301 behandelt. Darunter fallen im Prinzip auch die Rechtsanforderungen aus der ISO 14001 und ISO 45001 im 6.1.3 „Bindende Verpflichtungen", die im IMS bereits behandelt sind. Es wird empfohlen, die Rechtsrisiken der 14001 und ISO 45001mit denen der ISO 37301 gemeinsam in einem separaten Prozess unter 4.6 „Compliance-Risikobeurteilung" zu behandeln und nur die verbleibenden Risiken sowie Möglichkeiten/Chancen unter Normkapitel 6.1 des IMS zu bearbeiten.

Normkapitel 6.2

6.4.2 Complianceziele und Planung zur Erreichung

Kompatibilität

A – Kompatibilität hoch

Forderung des CMS

Complianceziele müssen für alle relevanten Funktionen und Ebenen festlegt werden. Die Ziele müssen dokumentiert werden. Maßnahmen zur Erreichung der Ziele müssen definiert werden. Das Erreichen der Ziele muss gesteuert und überwacht werden. Ziele sind ggf. regelmäßig zu aktualisieren.

Integration ins IMS

Der Umgang mit Zielen ist in den Managementsystemen des IMS vergleichbar. Die bestehenden Prozesse erfüllen auch die Anforderungen der ISO 37301.

To-dos

Der bestehende IMS-Prozess zum Managen von Zielen muss um die Complianceziele erweitert werden. Complianceziele sind zusätzlich zu den Qualitäts-, Umwelt- und Arbeitsschutzzielen in regelmäßigen Abständen von der Organisation zu definieren. Betriebliche Methoden und Vorgehensweisen können für die Complianceziele übernommen werden. Im Kontext mit den anderen Zielen sind die Complianceziele in der Organisation zu kommunizieren.

Hinweise

Im Anhang A.6.2 wird darauf verwiesen, dass z. B. jährliche Complianceschulungen für compliancerelevantes Personal ein wichtiges Ziel sein könnten.

Normkapitel 6.3

6.4.3 Planung von Änderungen

Kompatibilität

B – Kompatibilität mittel

Forderung des CMS

Änderungen am CMS sind unter geplanten Bedingungen durchzuführen (z. B. Ressourcen, Verantwortlichkeiten, Dokumentationserfordernisse). Negative Auswirkungen auf die Wirksamkeit des CMS sind bei Änderungen zu vermeiden. Die Wirksamkeit der vorgenommenen Änderungen ist zu überprüfen.

Integration ins IMS

Im IMS hat die ISO 9001 (6.3) genau die gleichen Anforderungen an Änderungen des Managementsystems. Die dort getroffenen Festlegungen entsprechen denen der ISO 37301.

To-dos

Die Regelungen der ISO 9001 sind auch auf die ISO 37301 anzuwenden, wobei zu berücksichtigen ist, dass Änderungen auch Auswirkungen auf die Compliancesicherheit haben können und entsprechende Vorsicht geboten ist.

Hinweise

Die ISO 14001 und ISO 45001 haben die Forderungen des Normkapitels 6.3 nicht. In der Praxis finden in einem IMS die Regelungen zur Handhabung von Änderungen der ISO 9001 aber auch Anwendung auf die ISO 14001 und ISO 45001. Diese integrative Gleichbehandlung von Forderungen soll vermeidbare Sonderfälle und Ausnahmen im IMS verhindern.

Normkapitel 7

6.5 Unterstützung

Normkapitel 7.1

6.5.1 Ressourcen

Kompatibilität

A – Kompatibilität hoch

Forderung des CMS

Bestimmen und Bereitstellen von ausreichenden Ressourcen für den Aufbau, die Umsetzung und Weiterentwicklung des CMS.

Integration ins IMS

Die ISO 37301 stellt fast wortgleich die gleichen Anforderungen bezüglich Ressourcen wie ISO 14001 und ISO 45001. Nur die ISO 9001 detailliert stärker, um welche Art von Ressourcen es sich handelt (z. B. Personen oder Infrastruktur). Die Anforderungen der ISO 37301 werden durch die Ressourcenprozesse der anderen Systeme des IMS vollständig abgedeckt.

To-dos

Die bestehende Ressourcenplanung für das IMS ist um die Aufwendungen für das CMS zu ergänzen.

Hinweise

Um die Flut von Rechts- und anderen Vorschriften bewältigen zu können, kann zum Start eines CMS eine entsprechende IT-Investition in Soft- und Hardware nützlich sein.

Normkapitel 7.2

6.5.2 Kompetenz

Kompatibilität

A – Kompatibilität hoch

Forderung des CMS

a) 7.2.1 Allgemeines

Die Anforderungen in der ISO 37301 sind in drei Unterkapiteln stärker strukturiert als in den drei anderen Normen des IMS. Die grundlegenden Anforderungen im CMS sind aber vergleichbar. Die Anforderung der ISO 37301 sind:

- die benötigte Kompetenz für die Tätigkeit ist zu bestimmen,
- die Person muss angemessene Ausbildung, Schulung und Erfahrung besitzen,
- die notwendigen Maßnahmen zur Kompetenzerhaltung sind zu ergreifen,
- die Wirksamkeit von Kompetenzerwerbsmaßnahmen ist zu bewerten.

Dokumentierte Nachweise über Kompetenzmaßnahmen sind zu führen.

Integration ins IMS

Die bestehenden Verfahren/Prozesse zur Kompetenzabsicherung des IMS erfüllen die Forderungen der ISO 37301.

To-dos

Schulungspläne, Kompetenzmatrix und Ähnliches sind um CMS-Inhalte (z. B. Complianceschulungsmaßnahmen) zu erweitern.

Hinweise

Weitere Erläuterungen zur Erreichung von Kompetenz und zu ihrer Aufrechterhaltung im CMS sind im Anhang A.7.2.3 zu finden.

Kompatibilität

C – Kompatibilität gering

Forderung des CMS

b) 7.2.2 Beschäftigungsprozess

Die Forderung nach einem Beschäftigungsprozess ist ein Alleinstellungsmerkmal der ISO 37301.

Dieser Prozess soll sicherstellen, dass compliancerelevante Themen (inkl. Politik) den Mitarbeitern schon bei der Einstellung mitgeteilt werden und dass sie bezüglich Compliance-Politik und/oder Compliancerichtlinie geschult werden. Der Umfang richtet sich nach den Compliancerisiken, mit denen das Personal am Arbeitsplatz umgehen muss. Außerdem sind Disziplinarmaßnahmen zu definieren, die bei Complianceverstößen ergriffen werden können.

Integration ins IMS

Um die Forderungen des Normkapitels 7.2.2 zu erfüllen, sollte ein zusätzlicher Prozess das gesamte Thema Personalmanagement einer Organisation abbilden und nicht nur den Teil Kompetenz und Schulung.

Regelmäßig ist zu überprüfen (z. B. in internen Audits), ob die Maßnahmen im Personalmanagement geeignet sind, das Auftreten von Non-Compliance zu vermeiden.

To-dos

Wegen der Bedeutung des Themas Compliance für eine Organisation sollte ein ergänzender Prozess über die Complianceanforderungen für die Beschäftigten (Mitarbeiter und relevante externe Dritte) erstellt werden. Der Prozess sollte die Complianceforderungen für folgende Teilschritte des Personalmanagements umfassen:

- Personalbeschaffungsprozess
- Personalfreisetzungsprozess
- Personalverwaltungsprozess
- Personalentwicklungsprozess
- Personaldisziplinarprozess

Letzterer sollte Verfahrensvorgaben für Sanktionsmaßnahmen bei Verstößen gegen Compliancevorgaben und interne Ordnungsregeln machen.

Der Teilbereich Kompetenz und Schulung kann für das gesamte IMS unter Einschluss der ISO 37301 bestehen bleiben, oder dieser Teil wird in den Gesamtprozess „Personalmanagement" als Teilprozess „Kompetenzentwicklung" inhaltlich integriert.

Hinweise

keine

Kompatibilität

C – Kompatibilität gering

Forderung des CMS

c) 7.2.3 Schulung

Anforderung regelmäßiger Schulungen in geplanten Abständen zum Thema Compliance. Art und Umfang der Schulungen müssen sich an den Compliancerisiken orientieren, denen das Personal ausgesetzt ist.

Das betrifft nicht nur das eigene Personal, sondern auch Dritte, die im Auftrag der Organisation arbeiten, wenn sie für die Organisation ein Compliancerisiko darstellen können. Schulungsmaßnahmen und die Bewertung von deren Wirksamkeit sind zu dokumentieren.

Integration ins IMS

Über den bestehenden Prozess zur Kompetenz im IMS sind die wesentlichen Anforderungen der ISO 37301 im Grundsatz bereits erfüllt. Das Thema Schulung enthält nur eine stärkere Detaillierung, wer wann wie wie oft und in welchem Umfang geschult werden muss. Diese Details sind ggf. in den bestehenden Prozessen nachweisbar (dokumentiert) noch nicht vorhanden.

To-dos

Zur Erfüllung dieser Normenforderung bieten sich zwei Lösungsalternativen an.

Option 1: In den bestehenden Prozess „Schulung" des IMS sind die Inhalte des Complianceschulungsbedarfs, abgestuft nach der Rolle und ihrer Compliancerelevanz für die Mitarbeiter und betroffene Dritte festzulegen. Das umfasst:

- das Festlegen von Wiederholungsschulungen (Inhalte, Frequenz),
- Verfahren zur Schulung compliancerelevanter Dienstleister festlegen,
- Schulungserfolg und Wirksamkeit in regelmäßigen Abstanden (z. B. jährlich) überprüfen.

Option 2: Die Forderungen des Normkapitels 7.2.3 in einen separaten Schulungsprozess nur für das CMS ausgliedern und mit dem geforderten Beschäftigungsprozess nach 7.2.2 verbinden.

Die bestehenden Schulungspläne des IMS sind um CMS-Schulungen zu ergänzen.

Hinweise

Weitere Erläuterungen zur Ausbildung und Schulung im CMS sind im Anhang A.7.2.3 zu finden.

Normkapitel 7.3

6.5.3 Bewusstsein

Kompatibilität

A – Kompatibilität hoch

Forderung des CMS

Die Organisation muss darauf achten, dass alle Personen die unter ihrer Kontrolle (intern und extern) arbeiten:

- die Compliance-Politik kennen und verstehen,
- sich ihrer Rolle im CMS bewusst sind und ihren Beitrag zur Wirksamkeit kennen,
- sich der möglichen Folgen von Complianceverstößen für die Organisation bewusst sind,
- die Bedeutung und die Möglichkeit, Compliancebedenken zu äußern, kennen,
- die Bedeutung der Compliancekultur und ihrer Unterstützung kennen, um die Leistung des CMS zu steigern.

Integration ins IMS

Im Grundsatz haben die ISO 9001/ISO 14001/ISO 45001 vergleichbare Anforderungen an das IMS. In der ISO 37301 (wie auch in der ISO 14001/ISO 45001) fehlt allerdings die Forderung nach dokumentierten Nachweisen zur Bewusstseinsvermittlung wie in der ISO 9001. Die gängigen Methoden zur Bewusstseinsbildung mittels Kommunikation, Information und Unterweisung/Schulung können auch bei der ISO 37301 angewendet werden.

To-dos

In die bestehenden Verfahren zur Bewusstseinsbildung im IMS sind die Forderungen der ISO 37301 zu integrieren (Erweiterung des Prozesses Bewusstseinsentwicklung).

Die angewendeten Methoden der Bewusstseinsentwicklung in der Organisation sind mit den im Anhang A.7.3 beschriebenen methodischen Ansätzen der ISO 37301 abzugleichen und ggf. zu ergänzen.

Hinweise

Die ISO 37301 erweitert den Personenkreis für die Bewusstseinsvorgaben auch auf externe Personen/Organisationen, die unter Aufsicht der Organisation arbeiten (z. B. Vertriebs- und Servicepartner, IT-Spezialisten, Steuerberater, ausgelagerte Prozesse bei Fremdfirmen). Dies trifft aber nur dann zu, wenn eine erhebliche Compliancerelevanz gegeben ist. Dies ist von der Organisation hinsichtlich der Compliancerisiken durch die dritte Partei zu überprüfen (s. Compliance-Risikobeurteilung Normkapitel 4.6).

Normkapitel 7.4

6.5.4 Kommunikation

Kompatibilität

B – Kompatibilität mittel

Forderung des CMS

Schwerpunkte des/der internen und externen Kommunikationsprozesse(s) der ISO 37301 sind:

- Information der Mitarbeiter verschiedener Hierarchiestufen zum CMS und dessen Leistung

- Erfüllen von Kommunikationsanforderungen und Bedürfnissen interessierter Parteien
- zielorientierte Kommunikation zu relevanten Äußerungen mit Bezug zum CMS
- Nutzung von Kommunikation als Mittel zur Mitarbeiterbeteiligung
- zuverlässige und verifizierbare Informationen zum CMS
- Einrichtung von Kommunikationsverfahren zur Meldung von Bedenken und zur Behandlung von Non-Compliance
- Berücksichtigung potenzieller Hindernisse in der Kommunikation

Soweit notwendig und zweckmäßig, sind dokumentierte Informationen zur Kommunikation aufzubewahren.

Integration ins IMS

Die Grundsätze der Kommunikation werden über die bestehenden Regelungen der anderen Managementsysteme des IMS auch für das CMS abgedeckt. Bestehende Kommunikationsprozesse können nach Erweiterung um CMS-spezifische Details weiterverwendet werden. Insbesondere die Kommunikation zu den Stakeholdern ist gemäß A.7.4 der ISO 37301 zu berücksichtigen. Angesichts der Bedeutung der externen Kommunikation im CMS (z.B. rechtliche Pflichten zur Kommunikation) ist es sinnvoll, die Regelungen zur Kommunikation in einen internen und einen externen Teil zu trennen und ggf. auf der Basis einer Kommunikationsrichtline festzulegen.

To-dos

Die bestehenden Regelungen zur Kommunikation (z.B. der Prozess Kommunikation oder die Kommunikation als Teil von Unternehmensprozessen) sind um die Bedürfnisse der ISO 37301 zu erweitern (z.B. Kommunikation zum KVP oder Meldung von Bedenken).

Die bestehende Kommunikationsübersichten sollten um die CMS-spezifische Kommunikationsthemen nach innen wie nach außen ergänzt werden.

Dabei sind die Grundsätze der Kommunikation wie Transparenz, Angemessenheit, Glaubwürdigkeit, Zeitnähe, Zugänglichkeit und Klarheit zu berücksichtigen.

Hinweise

Kommunikation in Wort und Schrift erfüllt eine Querschnittfunktion in allen Managementsystemen und in allen Prozessen. Sie findet in allen Prozessen statt (prozessbezogene Kommunikation) und um die Funktionsfähigkeit der Organisation sicherzustellen (organisationsbezogene Kommunikation).

Für den externen Teil der Kommunikation, gerade wenn Compliancethemen berührt sind, ist die Funktion eines Kommunikationsverantwortlichen (Sprecher der obersten Leitung) hilfreich, um das Unternehmen nach außen mit einer Stimme sprechen zu lassen, insbesondere wenn strafrechtliche Tatbestände in Raume stehen und jedes falsche Wort dem Unternehmen Schaden zufügen kann.

Normkapitel 7.5

6.5.5 Dokumentierte Information

Kompatibilität

A – Kompatibilität hoch

Forderung des CMS

a) Allgemeines

Festlegen des Umfangs und der Inhalte der dokumentierten Informationen, die von der ISO 37301 gefordert oder vom Unternehmen benötigt werden. Dazu gehört die Beschreibung von Prozessen, Katastern von Rechtsvorschriften und anderen regelsetzenden Vorgaben. Um die Erfüllung der Forderungen der Norm und die der Organisation zu belegen, müssen entsprechende Nachweise zu Prozessergebnissen erzeugt und aufbewahrt werden. Dazu gehört auch die Lenkung externer Dokumente im Unternehmen.

Integration ins IMS

Kein Normenkapitel der ISO 37301 hat so viele Gemeinsamkeiten mit den anderen drei Normen des IMS wie das 7.5 „Dokumentierte Information". Die bestehenden Regelungen können vollständig für das CMS Anwendung finden.

To-dos

Einbindung der CMS-Dokumente (Prozesse, Beschreibungen, Formulare) in die bestehenden Regelungen des IMS. Ergänzung von Dokumenten- und Aufzeichnungsverzeichnissen um die Dokumentierte Information des CMS oder die Aufnahme in elektronische Dokumentenmanagementsysteme.

Hinweise

Der Normanhang A.7.4 listet Beispiele auf, was normativ unter Dokumentierter Information im CMS zu subsumieren ist.

Kompatibilität

A – Kompatibilität hoch

Forderung des CMS

b) Erstellung und Aktualisierung dokumentierter Information

Im Einzelnen geregelt werden muss das Erstellen und Aktualisieren dokumentierter Information mit Identifikations- und Formatvorgabe, Freigabe und Genehmigungsvorbehalte etc.

Integration ins IMS

Die vorhandenen Regelungen zur Erstellung und Aktualisierung dokumentierter Information sind im IMS bereits vorhanden und können für das CMS ebenso genutzt werden.

To-dos

Die bestehenden Festlegungen zur Erstellung und Aktualisierung dokumentierter Information sind auf die Dokumente und Aufzeichnungen des CMS anzuwenden.

Hinweise

Keine

Kompatibilität

A – Kompatibilität hoch

Forderung des CMS

c) Lenkung dokumentierter Information

Für die internen Dokumente und Aufzeichnungen sind Lenkungsregelungen wie Zugriff, Verteilung, Auffindung und Verwendung sowie Speicherung, Erhaltung, Aufbewahrung dokumentiert festzulegen.

Für externe Dokumente (z. B. Gesetzestexte) gelten eingeschränkte Lenkungsmaßnahmen wie Kennzeichnung, Verteilung, Zugriff etc.

Integration ins IMS

Die vorhandenen Regelungen zur Lenkung interner dokumentierter Information sind im IMS bereits vorhanden und können für das CMS ebenso genutzt werden.

Die Lenkungsregelungen für externe Compliancedokumente sind über die ISO 14001 und 45001 ebenso bereits vorhanden und für die ISO 37301 nutzbar.

To-dos

Die bestehenden Festlegungen zur Lenkung dokumentierter Information sind auf die Dokumente und Aufzeichnungen des CMS anzuwenden.

Hinweise

Zur Lenkung gehört auch die Vergabe von Berechtigungen z. B. zum Lesen, Ändern oder zur Archivierung und Löschung von dokumentierten Informationen.

Normkapitel 8

6.6 Betrieb

Normkapitel 8.1

6.6.1 Betriebliche Planung und Steuerung

Kompatibilität

B – Kompatibilität mittel

Forderung des CMS

Die betriebliche Planung und Steuerung folgt dem Grundsatz, Compliancerisiken in den Tätigkeiten und Prozessen der Organisation zu vermeiden. Dazu müssen die notwendigen Überwachungs- und Kontrollmaßnahmen in die Prozesse implementiert werden, um

- Compliancerisiken zu identifizieren,
- Complianceverstöße zu erkennen und zu analysieren,
- Vorbeugemaßnahmen zu implementieren,
- Vorbeugemaßnahmen zur stetigen Verbesserung des CMS zu ergreifen,
- regelmäßig Bericht zum Status des CMS zu erstatten,
- ausgegliederte Prozesse, Produkte/Dienstleistungen mit Compliancerelevanz zu steuern und zu überwachen.

Dokumentierte Informationen zur betrieblichen Steuerung sind im notwendigen Umfang zu führen.

Integration ins IMS

Das Normkapitel 8.1 „Betriebliche Planung und Steuerung" ist Bestandteil aller Normen des IMS (ISO 9001/ISO 14001/ISO 45001). Die Steuerung bezieht sich auf die verschiedenen Themen der spezifischen Normen (z. B. Steuerung der Qualität oder Umweltschutz); die Methoden, die zur Steuerung angewendet werden, sind aber vergleichbar. Dazu gehören dokumentierte Festlegungen der Ausführung, ihrer Kontrolle und Überwachung sowie die Dokumentation der Ergebnisse. Die Steuerungsmethoden des IMS können auf die Prozesse des CMS übertragen werden.

To-dos

Die nach Normkapitel 4.6 ermittelten und bewerteten Compliancerisiken bilden die Basis für den Umgang mit Risiken in den Prozessen sowie den Produkten und Dienstleistungen der Organisation. Bei bestehenden IMS-Prozessen mit identifizierten Compliancerisiken sind die Prozessabläufe dahin gehend zu ergänzen, dass Kontroll- oder Vorbeugeschritte zur Compliancekonformität in die Prozesse integriert werden. So kann z. B. im Prozess Vertrieb die Prüfung eines Vertragsabschlusses nicht nur durch den Vertriebsleiter, sondern z. B. auch durch den Qualitätsleiter (Vier-Augen-Prinzip) erfolgen, um Vorteilsnahme und Bestechlichkeit zu verhindern.

Von besonderer Bedeutung sind auch die Prozesse des CMS, in denen Risiken der Organisation erkannt und gesteuert werden sollen. Dies sind in der ISO 37301 Prozesse nach Kapitel:

- 4.5 Compliance-Verpflichtung,
- 4.6 Compliance-Risikobeurteilung,
- 5.1.2 Compliancekultur,
- 5.1.3 Complianceführung,
- 5.3.2 Compliancefunktion,
- 5.3.3 Leitung,
- 5.3.4 Personal,
- 7.2.2 Beschäftigungsprozess,
- 8.3 Äußern von Bedenken,
- 8.4 Untersuchungsprozess,

- 9.1.2 Feedbackquellen zur Complianceleistung,
- 9.1.3 Entwicklung von Complianceindikatoren,
- 9.1.4 Compliancebericht.

Die Regelungen in diesen Prozessen und ihre Kontrolle sollen sicherstellen, dass Complianceunsicherheiten in der Organisation proaktiv gemanagt werden und Non-Compliance vermieden wird.

Die Ausgliederung von Prozessen und Tätigkeiten an Dritte entlässt die Organisation nicht aus ihrer gesetzlichen Verantwortung oder ihren Compliancepflichten. Daher sind wirksame Methoden (z. B. vertragliche Regelungen) der Compliancekontrolle einzuführen. Zur Absicherung sollte ein Prozess „Ausgliederung von Leistungen an Dritte" als Kontrolle implementiert werden. Untersetzt werden sollte der Prozess mit einer Matrix zur Prozessrisikokontrolle für Fremddienstleister und einer Checkliste zu Complianceprüfkriterien für Fremddienstleister.

Hinweise

Ausgegliederte Prozesse unterliegen auch weiterhin den Compliancepflichten und der gesetzlichen Verantwortung der Organisation.

Bezüglich ausgelagerter Prozesse gibt es am Ende von A.8.1 (siehe Aufzählung) Beispiele, welche Themen bei einem solchen Prozess zu berücksichtigen sind.

Normkapitel 8.2

6.6.2 Festlegung der Steuerung und Verfahren

Kompatibilität

C – Kompatibilität gering

Forderung des CMS

Für die nachweisliche Sicherstellung der Einhaltung von Compliance-Verpflichtungen (Gesetze, freiwillige Pflichten etc.) hat die Organisation eine Steuerung für ihre Compliancerisiken einzurichten. Die Steuerung kann erfolgen über regelmäßige Kontrollen, Analysen und Bewertung der Wirksamkeit der Maßnahmen an ausgewählten Stellen in den Prozessen und Organisationseinheiten des Unternehmens. Die dazu notwendigen Prozesse/Verfahren sind einzurichten.

Integration ins IMS

Eine vergleichbare Anforderung gibt es in den drei Normen des IMS nicht. Es geht um die Überwachung und Wirksamkeitsbewertung der in der ISO 37301 unter 8.1 festgelegten betrieblichen Steuerung der Prozesse. Einrichtung und Durchführung dieser Kontrolle können in einem eigenständigen Prozess „Steuerung der Compliancekontrolle" beschrieben werden.

To-dos

Definieren eines Prozesses zur Durchführung der Compliancekontrollen. Der Prozess sollte umfassen:

- „wo": an welcher Stelle/Funktionseinheit die Kontrolle durchgeführt werden soll;
- „was": welche Complianceforderungen geprüft werden sollen;
- „wie": in welcher Form diese Kontrolle durchgeführt werden soll (z. B. im Rahmen von internen Audits, separaten Prüfungen durch innere Revision oder Compliance Manager);
- „wer" für die Planung und Durchführung der Kontrollen verantwortlich ist
- „wann" diese Kontrollen durchzuführen sind;
- „wie häufig" diese Kontrollen durchzuführen sind.

Zum Schluss muss festgelegt werden, an wenn die Ergebnisse berichtet werden und wie mit den Ergebnissen umgegangen wird.

Neben dem Prozess sollte eine Listung der beschlossenen Compliancekontrollen erstellt werden. Dies könnte in der Form eines Auditprogramms (Kontrollprogramm) erfolgen, das alle Kontrollen inkl. wesentlicher Ausführungsmerkmale für eine geplante Periode (z. B. ein Jahr) enthält.

Hinweise

Die Prüfung einer wirksamen Steuerung sollte mittels eines festgelegten Prüfprotokolls erfolgen, um sicherzustellen, dass die Kontrollen in den Prozessen ihren Zweck erfüllen und es keine Lücken oder sonstigen Schwachstellen gibt.

Im Anhang A.8.2 sind in einer Aufzählung verschiedene Möglichkeiten aufgelistet, was einer Steuerung unterliegen sollte.

Normkapitel 8.3

6.6.3 Äußern von Bedenken

Whistleblower

Das Kapitel ist eines der wichtigsten der ISO 37301. Studien sind zu dem Ergebnis gekommen, dass Mitarbeiter und Geschäftspartner die ersten sind, die Hinweise auf Non-Compliance in der Organisation wahrnehmen, diese Informationen aber nicht oder erst sehr spät weitergeben, weil dies negativ als Verrat oder Nestbeschmutzung ausgelegt werden kann und Mitarbeiter oder Lieferanten Sanktionen befürchten müssen. Das Whistleblower-System (Hinweisgeber-System) kommt aus dem angloamerikanischen Raum und bietet den Unternehmen die Möglichkeit, ein Verfahren anzustoßen, das frühzeitig auf Missstände in der Organisation hinweist und Möglichkeiten schafft, den Whistleblower (Hinweisgeber) vor Repressalien zu schützen. Eine Grundlage für ein Whistleblower-System bildet der Sarban-Oxley Act aus dem Jahr 2002, der ein solches System für börsennotierte Unternehmen in den USA verbindlich vorschreibt.

Hinweisgeberschutzgesetz (HinSchG)

Im Jahr 2019 zog die EU mit der Richtlinie 2019/1937 „Richtlinie zum Schutz von Personen, die Verstöße gegen das Unionsrecht melden" nach. Bis zum 17.12.2021 sollten alle EU-Staaten diese Richtlinie in nationale Gesetze umsetzen. Im Juli 2022 hat die Bundesregierung einen Gesetzentwurf zum Hinweisgeberschutzgesetz (HinSchG) [11] zum Schutz von Personen, die Verstöße gegen das Unionsrecht melden, beschlossen. Es durchläuft den parlamentarischen Gesetzbildungsprozess. Mit dem Inkrafttreten wird voraussichtlich im ersten Quartal 2023 gerechnet. Der Gesetzentwurf der Bundesregierung geht deutlich über die Anforderungen der EU-Richtlinie hinaus. Derzeit gibt die EU eine Untergrenze von 250 Mitarbeitern (KMU-Grenze) für die Richtlinie vor. Im Gesetzentwurf der Regierung ist diese Grenze auf 50 Mitarbeiter abgesenkt (ab 17.12.2023). Das HinSchG gilt nicht nur für Unternehmen, sondern auch für Anstalten öffentlichen Rechts, Kirchen, Stiftungen, Vereine nach BGB und Gemeindeverwaltungen. Es legt auch fest, für welche Bereiche von Rechtsverfehlungen (z. B. Geldwäsche, Produktsicherheit, Umweltschutzvorgaben) das Hinweisgeberschutzgesetz seine Wirkung entfaltet (s. § 2, HinSchG, sachlicher Anwendungsbereich).

Anforderungen an die Meldestelle

Einer der Kernpunkte des Gesetzes sind die Stellen, die Organisationen zur Entgegennahme von eingehenden Hinweisen einrichten müssen. Gerade für kleinere Organisationen kann das mit großem Aufwand verbunden sein. Das Justizministerium geht in seiner amtlichen Begründung zum HinSchG von ca. vier Hinweisen pro 1.000 Mitarbeiter im Jahr aus. Das rechtfertigt für kleinere Organisationen keinen großen Apparat oder Aufwand. Daher sieht der Gesetzgeber ersatzweise auch eine externe Stelle vor, die damit beauftragt werden kann. Eine externe Stelle hat zudem noch den Vorteil der strikten Neutralität und kann besser als interne Stellen Anonymität und Vertraulichkeit der Hinweisgeber und am Verfahren beteiligter Personen sicherstellen. Da die Identität des Hinweisgebers, aber auch anderer am Whistleblower-Verfahren beteiligter Personen geschützt werden soll, ist auch der Schutz von personengebundenen Daten von zentraler Bedeutung. Damit treten neben den HinSchG auch das Bundesdatenschutzgesetz (BDSG) und die Datenschutz-Grundverordnung (DSGVO) als zu beachtende Rechtsvorschriften hinzu. Ein

Verstoß gegen das Hinweisgeberschutzgesetz ist als Ordnungswidrigkeit eingestuft, und kann mit Bußgeldern bis zu 100.000 € geahndet werden.

Hinweismanagementsysteme

Weitere Ausführungen zum Hinweisgebersystem liefert auch noch die ISO 37002:2021 „Hinweismanagementsysteme – Leitlinien". Der Leitfaden zielt darauf ab, Richtlinien für die Implementierung, Verwaltung, Evaluierung, Aufrechterhaltung und Verbesserung von effektiven Hinweisgebersystemen bereitzustellen. Ziel dabei ist es, Hinweisgeber und andere beteiligte Personen zu unterstützen und zu schützen sowie sicherzustellen, dass Meldungen über Missstände ordnungsgemäß und zeitnah bearbeitet werden. Vor allem aber soll der ISO-Leitfaden Organisationen dabei helfen, ein Hinweisgebersystem aufzubauen, das auf den Grundsätzen von Vertrauen, Objektivität und Sicherheit beruht.

Kompatibilität

C – Kompatibilität gering

Forderung des CMS

Gemäß ISO 37301 **muss** die Organisation einen Prozess zum Äußern von Bedenken einführen. Dieser Prozess muss Regelungen enthalten, um vermutete, versuchte oder tatsächliche Complianceverstöße zu erfassen und einer zielorientierten Bearbeitung zuzuführen. Dazu hat die Organisation Folgendes einzurichten:

- Zugänglichkeit für eine Meldung auf verschiedenen Wegen (z. B. telefonisch per Hotline, persönliche Zusammenkunft, IT-gestütztes System)
- Meldungen auch anonym zulassen
- Vertraulichkeit der Meldung sicherstellen
- Schutz des Hinweisgebers vor Repressionen
- Möglichkeit der Auskunftsanfrage zum Hinweisgebersystem

Der Prozess muss in der Organisation für alle zugänglich sein. Über das Meldeverfahren zu Compliancehinweisen (z. B. in Form einer Whistleblower-Richtlinie) ist die Belegschaft zu informieren. Das Meldeverfahren ist auch interessierten Parteien zugänglich zu machen.

Integration ins IMS

Dieser geforderte Prozess ist ein Alleinstellungsmerkmal der ISO 37301. Alle anderen Normen haben keine entsprechende Forderung. Eindeutig ist, dass dieser Prozess neu in dokumentierter Form von den Unternehmen zu erstellen ist.

To-dos

Die notwendigen Schritte in diesem neuen Prozess „Hinweisgeber- oder Whistleblower-System" sind:

- Hinweisgebersystem einrichten
- Compliancemeldungen entgegennehmen
- Rückmeldung an Hinweisgeber über den Eingang der Meldung
- Prüfung der Stichhaltigkeit der eingegangenen Meldung
- Ggf. Rückfragen mit Hinweisgeber klären
- Hinweis sachlich prüfen und bewerten
- Entscheiden, ob behördliche oder sonstige übergeordnete Stellen (z. B. Konzern) zu informieren sind
- Notwendige Maßnahmen definieren und ergreifen
- Meldung an Hinweisgeber über getroffene und geplante Maßnahmen
- Lückenlose Dokumentation des gesamten Vorgangs
- Regelmäßige Auswertung (z. B. jährlich) der Meldungen hinsichtlich Schwerpunkte oder Gefahrenquellen

Die ISO 37301 bleibt hinsichtlich detaillierter Forderungen zur Ausgestaltung des Prozesses „Äußern von Bedenken" recht vage. Richtschnur für Organisationen sind die rechtlichen Regelungen, die es zu diesem Thema gibt. Die Hinweisgeberrichtlinie der EU und das daraus abgeleitete deutsche Hinweisgebergesetz gehen in der Regelungstiefe der Umsetzung weit über die Norm hinaus. Im Rahmen der betrieblichen Ausgestaltung des Prozesses sollte daher die Erfüllung der gesetzlichen Forderungen im Mittelpunkt stehen. In den rechtlichen Regelungen sind auch Hinweise enthalten zu mitgeltenden Rechtsvorschriften (z. B. Datenschutz- oder und Betriebsverfassungsrecht), die bei der Gestaltung des Prozesses zu berücksichtigen sind.

Eine weitere Forderung der Norm und des Gesetzgebers ist, die Kenntnis über das Hinweisgebersystem allen relevanten Personen (z. B. Mitarbeiter, Partnern, Lieferanten, Kunden) zugänglich zu machen und die leichte Zugänglichkeit abzusichern. Das bedeutet, dass die Zugänglichkeit und die Nutzungsmöglichkeiten des Hinweisgebersystems in Form eines Hinweisgeber- oder Whistleblower-Leitfadens für Mitarbeiter und externe interessierte Kreise frei kommuniziert werden (z. B. Homepage, schriftliche Aushänge) und jeder Mitarbeiter ein gedrucktes Exemplar erhält.

Inhalte eines solchen Leitfadens können sein:

- Sinn und Zweck des Leitfadens
- Vorgehen und Anonymität zum Schutz des Hinweisgebers
- Schutz des Hinweisgebers vor Benachteiligung und Repressalien
- Kontaktdaten und Möglichkeiten für das Abgeben einer Meldung (auch anonym)
- Darstellung des Ablaufs bei der Bearbeitung eines Hinweises
- Informationspflichten des Empfängers/Bearbeiters gegenüber dem Hinweisgeber
- Vorgehen gegenüber Hinweisgebern, die ihr Recht durch Falschmeldung und Verleumdung missbrauchen

Ein gut funktionierendes Whistleblower-System hat für Unternehmen den unschätzbaren Vorteil, dass erkannte Missstände intern geklärt und beseitigt werden können, ohne dass die Öffentlichkeit davon erfährt, und ggf. so ein größerer Imageschaden vermieden werden kann.

Hinweise

Für kleinere und mittlere Unternehmen stellt sich die Frage, ob Aufwand und Nutzen in einem angemessenen Verhältnis stehen, wenn nur einige wenige Hinweise pro Jahr eingehen. Normativ wie gesetzlich ist dann die Möglichkeit gegeben, die Ausführung des Hinweisgebersystems extern zu vergeben. Auf diesem Gebiet spezialisierte Rechtsanwaltskanzleien mit entsprechender Software zur Whistleblower-Fallbearbeitung können die Anonymität des Hinweisgebers ggf. besser gewährleisten als interne Stellen. Das System einer neutralen Ombudsperson, die die Meldung entgegennimmt und die eingehenden Hinweise bearbeitet, bietet sich dafür an. Entsprechende Angebote sind auf dem Markt bereits zu haben, und das Angebot wird mit der Inkraftsetzung des Hinweisgeberschutzgesetzes größer werden.

In diesem Fall ist der notwendige normative Prozess unter Einbeziehung der Schnittstellen zwischen externem Dienstleister und Unternehmen zu definieren. Die Verantwortung für den Prozess verbleibt aber bei der Organisation. Die externe Stelle benötigt auch einen kompetenten internen Ansprechpartner und definierte Schnittstellen in die Organisation. Dies könnte z. B. der Compliance Officer oder eine ausgewählte Führungskraft des HR-Bereichs sein.

Die ISO-Norm 37002:2021 „Whistleblower-Managementsystem – Leitfaden" gibt Anleitungen zur betrieblichen Implementierung, Umsetzung und Aufrechterhaltung eines wirksamen Hinweismanagementsystems auf der Basis der Grundsätze: Vertrauen, Unparteilichkeit und Schutz mit den folgenden vier Schritten:

- Entgegennahme von Meldungen über Fehlverhalten
- Bewertung von Meldungen über Fehlverhalten
- Behandeln von Meldungen über Fehlverhalten
- Abschluss von Fällen im Hinweisgebersystem

Normkapitel 8.4

6.6.4 Untersuchungsprozesse

Kompatibilität

C – Kompatibilität gering

Forderung des CMS

Die Normenpunkte 8.3 „Äußern von Bedenken" und 8.4 „Untersuchungsprozesse" sind eng miteinander verbunden. Im ersten Fall geht es um den Prozess der Annahme von Bedenken durch den Hinweisgeber und die Prüfung des Sachverhalts auf Plausibilität und Stichhaltigkeit.

Wenn der Anfangsverdacht sich erhärtet, ist der gemeldete Vorfall einer offiziellen Untersuchung zu unterziehen. Für diesen Fall sind ein oder mehrere Prozesse zur Untersuchung von Non-Compliancevorfällen einzurichten. Normative Forderungen an die Untersuchung sind:

- Unabhängigkeit und Neutralität der mit der Untersuchung beauftragten Personen sind zu gewährleisten (ggf. ist auf Externe zurückzugreifen).
- Das mit der Untersuchung beauftragte Personal muss kompetent sein und frei von Interessenkonflikten handeln können.
- Das oberste Organ und die oberste Leitung sind über das Ergebnis zeitnah zu informieren.
- Die Ergebnisse der Untersuchungen müssen zur Verbesserung des CMS genutzt werden.
- Die Risikobewertung nach 4.6 ist hinsichtlich des Non-Compliance-Sachverhalts zu überprüfen.
- Die Ergebnisse der Untersuchung müssen dokumentiert und aufbewahrt werden.

Integration ins IMS

Diese Forderung ist wie die vorangegangene Forderung in 8.3 CMS-spezifischer Natur. Eine Integration ins IMS kann ohne Berücksichtigung von Schnittstellen zu ISO 9001, ISO 14001 und ISO 45001 erfolgen. Die Schnittstellen zum Prozess „Äußern von Bedenken" sind aber zu berücksichtigen.

To-dos

Beschreiben des Prozesses zur Untersuchung von vermuteten oder tatsächlichen Non-Compliancefällen. Dafür sollte es ein definiertes Verfahren geben, das mit der Übergabe des geprüften und erhärteten Vorfalls aus der Phase nach 8.3 „Äußern von Bedenken" beginnt.

Schwerpunkt der Untersuchung ist das zeitnahe Identifizieren der Ursachen für das Fehlverhalten, seien es Schwachstellen in den Vorgaben des CMS, seiner Überwachung (Kontrolle) oder menschliches Fehverhalten egal auf welcher Hierarchieebene. Dabei sind zu bewerten: Schwere, Dauer und Häufigkeit der Non-Compliance sowie die Zahl der Beteiligten.

Um Fehleinschätzungen zu minimieren, sollten die Untersuchungen von Teams ggf. mit Unterstützung externer Fachleute (z. B. Juristen sowie Fachspezialisten) durchgeführt werden. Bei Fällen von sehr großem Ausmaß (z. B. Dieselgate) kann auch die Einrichtung unabhängiger, neutraler Komitees zur Überwachung der Untersuchungen nützlich sein, um jedem Anschein von Vertuschung entgegenzuwirken. Wenn kompetentes Personal zur Untersuchung von Non-Compliance in der Organisation nicht vorhanden ist, sollten Schulungsmaßnahmen zur Schließung der Defizite durchgeführt werden, oder die Teams sollten mit fachkundigen Externen verstärkt werden.

Auch wenn es in den meisten Fällen keine Pflicht ist, Non-Compliance an Regulierungsbehörden zu melden, sollte im Rahmen der Prüfung erwogen werden, ob eine solche Meldung sinnvoll ist, um das Verhältnis zur Behörde nicht unnötig zu belasten. Es gibt aber auch Fälle, in denen diese Pflicht aufgrund einer Rechtsvorschrift besteht und ein Verstoß dagegen als Ordnungswidrigkeit oder sogar als Straftat geahndet werden kann.

Der Prozess sollte auch einen Disziplinarmaßnahmenkatalog enthalten, der Personen betrifft, denen je nach Schwere der Schuld eine Beteiligung an der Non-Compliance nachgewiesen werden kann.

Hinweise

Wenn eine Organisation sich entschlossen hat, das Hinweisgebersystem extern zu vergeben, besteht auch die Option, die juristische Fachkenntnis und die Neutralität dieses Partners weiter zu nutzen und ihn aktiv in den Untersuchungsprozess mit einzubinden. Zu diesem Zweck könnte eine gemischte Kommission beider Partner zur Untersuchung des Compliancevorfalls eingerichtet werden.

Normkapitel 9

6.7 Bewertung der Leistung

Normkapitel 9.1

6.7.1 Überwachung, Messung, Analyse und Bewertung

Kompatibilität

A – Kompatibilität hoch

Forderung des CMS

a) 9.1.1 Allgemeines

Festlegen von Methoden zur Überwachung des CMS (Wirksamkeit des Managementsystems und der Complianceleistung in den Prozessen) und zur Erreichung der Complianceziele. Beispiele, was im CMS zu überwachen ist, sind in der Aufzählung des Normentextes wiedergegeben (z. B. Wirksamkeit von Schulungen oder Aktualität von Compliancepflichten).

Durchführen der geplanten Überwachungs- und Messverfahren. Die Intensität der Überwachung und Messung soll in Relation zur Compliancebedeutung der Prozesse und der Erreichung der CMS-Ziele stehen. Im Rahmen der Planung sind die Messgrößen, die Methoden der Messung, Analyse und Bewertung der Ergebnisse der Messung zu bestimmen.

Die Complianceleistung im Ganzen und die Wirksamkeit des CMS sind zu bewerten.

Über die Methoden und die Ergebnisse von Messung und Überwachung sind dokumentierte Informationen (Vorgaben und Nachweise) zu erstellen.

Integration ins IMS

Die Anforderung zur Überwachung, Messung, Analyse und Bewertung (in 9.1.1 „Allgemeines") ist in der ISO 9001, ISO 14001 und ISO 45001 in vergleichbarer Form gestellt. Die Mess- und Überwachungsgrößen sind systemspezifisch (Qualität, Umwelt etc.) auszuwählen. Die Methodik, wie man zu geeigneten Messgrößen kommt, ist identisch und kann auch auf die ISO 37301 angewendet werden.

Die Überwachung von Compliancerisiken durch Überwachung, Messung, Analyse und Bewertung ist im angenommenen IMS keine Neuigkeit, da die drei einzelnen Managementsysteme bereits vermutete und tatsächliche Non-Compliance-Fälle in Teilbereichen erfasst haben. Nachfolgend ein paar Beispiele:

- ISO 9001: Verstöße gegen Produkt- und Dienstleistungsrecht, Mangelfolgeschäden an anderen Gütern durch Mängel am Produkt

- ISO 14001: Verstöße gegen Genehmigungsauflagen, Rechtsvorschriften im Umweltrecht,
- ISO 45001: Verstöße gegen Arbeitsschutzvorschriften, Sozialrechtsbestimmungen.

Es muss sichergestellt werden, dass Complianceverstöße nicht zu Redundanzen in der Erfassung und Auswertung des CMS führen.

To-dos

Eine Kennzahlenmatrix für das CMS ist zu erstellen. In sie sollten die bereits in anderen Managementsystemen erfassten Compliancerisiken integriert werden.

Die Kennzahlenmatrix sollte enthalten, welche Kennzahl wo wann durch wen wie oft erhoben wird. Dazu wird erfasst, wie die Analyse und Bewertung durchzuführen sind und wie die Kennzahl an wen wie oft berichtet wird sowie deren Archivierung.

Die Erfassung von wichtigen Kennzahlen (Key-Performance-Indikatoren) sollte auch in den Prozessbeschreibungen verankert sein, in denen diese Kennzahlen zur Prozesssteuerung dienen (z. B. Emissionsmessung zur Einhaltung von Grenzwerten). Im Sinne des CMS wäre eine Emissionsgrenzwertüberschreitung ein Fall von Non-Compliance.

Hinweise

Die allgemein formulierten Anforderungen in 9.1.1 werden in den nachfolgenden Normkapiteln 9.1.2 bis 9.1.4 in den für das CMS wichtigen Punkten weiter spezifiziert.

CMS-Kennzahlenmatrix.xlsx

Ein musterhaftes Beispiel für eine CMS-Kennzahlenmatrix finden Sie zum Download beigefügt. Es kann zur Entwicklung und Beschreibung von Kennzahlen und ihrem Erhebungsumfeld genutzt werden. Das Muster enthält einige Beispiele zur CMS-Datensammlung/Kennzahlen, die hinsichtlich der betrieblichen Bedürfnisse angepasst werden können.

Kompatibilität

C – Kompatibilität gering

Forderung des CMS

b) 9.1.2 Feedbackquellen zur Complianceleistung

Die Anforderungen umfassen zwei Teile: das Erfassen von Feedbackquellen zur Überwachung und das Verfahren zur Leistungsbeurteilung des CMS.

Festlegen von Prozessen/Verfahren zur Erfassung von Compliancerückmeldungen aus unterschiedlichen Quellen. Die dabei gewonnenen Informationen sind nach festgelegten Verfahren zu analysieren und kritisch im Hinblick auf die Compliancerisiken zu bewerten.

Integration ins IMS

Diese Anforderung als eigenes Normenkapitel gibt es nur in der ISO 37301, in den anderen Normen des IMS gibt es diese Forderung nur in allgemeiner Form im Normkapitel 9.1.1. Die Forderung nach einem oder mehreren Prozessen zur Regelung dieses Themas setzt in diesem Fall eine Prozessbeschreibung „Ermittlung der Quellen zur Complianceleistung" voraus.

To-dos

Erstellen eines dokumentierten Prozesses zur Erfassung aller wesentlichen Quellen. Dazu zählen z. B. Mitarbeiter, Kunden, Lieferanten, Behörden, Medien usw.

Des Weiteren Sammeln von Informationen im Rahmen dieser Quellen wie interne/externe Berichte zu Non-Compliance (z. B. Bußgeld wegen Verstoßes gegen Arbeitsschutzregeln), Ergebnisse interner/externer Audits, Compliancebegehungen am Standort, Meldungen von Mitarbeitern, Behördenbeschwerden usw.

Den Abschluss des Prozesses bildet die Festlegung, wie die Ergebnisse genutzt werden können, um als Input im kontinuierlichen Verbesserungsprozess sowie in der Risikobeurteilung (4.6) Verwendung zu finden.

Es sollte ein Informationsmanagementsystem zur systematischen Ablage und Bearbeitung der Complianceinformationen eingerichtet werden. Dabei sind Kriterien der Informationseinordnung (z. B. Quelle, Abteilung, Beschreibung der Non-Compliance) zu verwenden. Die Nutzung eines EDV-Tools zum Compliance-Managementsystem könnte dafür Werkzeuge zur Verfügung stellen. Die in diesem System gespeicherten Daten und Informationen können auch für das Complianceberichtswesen genutzt werden.

Hinweise

Im Anhang A. 9.1.2 stehen weitere Beispiele für Rückmeldequellen und die Sammlung von Informationen zur Verfügung, außerdem Beispielkriterien für die Systematik eines Informationsmanagementsystems.

Kompatibilität

C – Kompatibilität gering

Forderung des CMS

c) 9.1.3 Entwicklung von Indikatoren

Das Normkapitel 9.1.3 steht in unmittelbarem Zusammenhang mit dem 9.1.1 „Allgemeines".

Es fordert im Detail das Festlegen eines Verfahrens zur Entwicklung von compliancerelevanten Indikatoren (Kennzahlen) zur

- Überwachung des CMS und seiner Prozesse,
- Bewertung der Erreichung von Compliancezielen,
- Beurteilung der Complianceleistung der Organisation.

Integration ins IMS

Das Arbeiten mit Kennzahlen ist in allen Managementsystemen ein probates Mittel zur Überwachung und Leistungsbewertung betrieblicher Leistung (z. B. Ausschussquote, Abfallaufkommen oder 1.000-Mann-Quote). Die Methodik der Nutzung von Kennzahlen sollte in einem IMS hinreichend bekannt sein.

To-dos

Die Entwicklung von prägnanten Kennzahlen für das CMS gestaltet sich ggf. etwas schwieriger als für die anderen Managementsysteme des betrachteten IMS. Das liegt daran, dass eine betriebliche Leistung, auf die sich die Kennzahl als Basis bezieht, nicht immer klar auf der Hand liegt (z. B. im UMS die Abfallmenge pro Tonne produzierter Güter).

Bei der Entwicklung von Kennzahlen zum CMS spielen die Compliancerisiken, die in 4.6 ermittelt wurden, eine bedeutende Rolle, da hohe Risiken einer dauerhaften Kontrolle unterliegen sollten und daher mittels Kennzahlen zu überwachen sind.

Daraus leitet sich das Erstellen einer Kennzahlenmatrix für besonders compliancerelevante Prozesse mit Früh- und Spätindikatoren ab. Frühindikatoren geben einen Hinweis darauf, wie groß die Gefahr von Non-Compliance ist. Spätindikatoren zeigen das Geschehen der Vergangenheit an und sind ein Indiz für die Wirksamkeit bestehender Schutzmaßnahmen.

Beispiele für Frühindikatoren sind:

- Nutzung des Hinweisgebersystems (z. B. Zahl der eingegangenen Hinweise pro 1.000 MA),
- Zahl der CMS-Schulungen (z. B. Schulungseinheiten pro Mitarbeiter)
- Verbesserungsvorschlagsquote (z. B. Zahl der Verbesserungsvorschläge zum CMS pro MA)

Beispiele für Spätindikatoren sind:

- Rate erkannter Complianceverstöße (z. B. Zahl der Complianceverstöße pro 1.000 MA)
- Compliancekosten (z. B. Summe der Aufwendungen für Compliancefolgen und -maßnahmen pro 1 Mio. € Umsatz),

- Abbruchquote wg. Compliancebedenken (Zahl der aufgegebenen Geschäftsbeziehungen (Kunden, Lieferanten, Partner) wegen zu großer Compliancerisiken), Anteil in % aller Geschäftskontakte.

Hinweise

Im Normanhang A.9.1.3 sind diverse Beispiele für Indikatoren und Kennzahlen bezogen auf das CMS aufgeführt.

Kompatibilität

C – Kompatibilität gering

Forderung des CMS

d) 9.1.4 Complianceberichte

Es wird ein Prozess/Verfahren zum Aufbau und zur Umsetzung von Complianceberichten gefordert. Dabei wird unterschieden in regelmäßige und situative Berichterstattung. Für das Berichtswesen sind die strukturellen und organisatorischen Rahmenbedingungen festzulegen. Das Berichtswesen an das Topmanagement muss gegen Manipulation geschützt werden.

Integration ins IMS

In dieser expliziten Form wird ein Berichtswesen in den drei Normen des IMS nicht gefordert. In 9.1.1 der Normen wird aber gefordert, die Leistung der Systeme und ihre Wirksamkeit zu kommunizieren. In der Praxis führt das dazu, dass von den Unternehmen zu den einzelnen Managementsystemen ein jährlicher Bericht erstellt wird (z. B. Qualitätsbericht, Umweltbericht). In Ergänzung dazu wäre auch ein Compliancebericht möglich. Dieser Bericht oder Teile davon können bei Bedarf auch in kürzeren Zeitabständen erstellt und kommuniziert werden (z. B. monatlich oder quartalsweise).

To-dos

Da in der ISO 37301 ein Prozess/Verfahren zur Festlegung des Berichtswesens gefordert ist, sollte auch eine Vorgabe in Form einer Prozessbeschreibung/ Verfahrensanweisung erstellt werden. Im Sinne einer durchgehenden Integration des IMS sollte die Gelegenheit genutzt werden, in diesem Prozess ggf. auch das Berichtswesen zu ISO 9001, ISO 14001 und ISO 45001 mit zu dokumentieren.

Für das Berichtswesen sind festzulegen:

- Struktur und Inhalt (z. B. Mitteilungen an Behörden, Zahl der gemeldeten Complianceverstöße, durchgeführte Korrekturmaßnahmen)
- Verteiler und Empfänger
- Häufigkeit und Anlass
- Anlass und Gründe für Ad-hoc-Berichte

Ferner sollten die Berichte gegen Manipulation gesichert und die Inhalte wahrheitsgemäß sein.

Hinweise

Der Normanhang A.9.1.4 liefert als Hilfestellung (siehe Aufzählung) eine erste Struktur einer Inhaltsangabe für einen Compliancebericht.

Die Schnittstellen zu den Regelungen des 7.5 „Dokumentierte Information" sind zu berücksichtigen.

C – Kompatibilität gering

Forderung des CMS

a) 9.1.5 Aufzeichnungen

Gefordert ist die Umsetzung eines Verfahrens zur Aufzeichnungslenkung für Compliancenachweise. Es soll die Dokumentation von mutmaßlicher und tatsächlicher Non-Compliance sowie Schritte zu deren Lenkung enthalten.

Integration ins IMS

Die spezielle Forderung nach Aufzeichnungslenkung neben den grundsätzlichen Anforderungen in 7.5 „Lenkung dokumentierter Information" ist, wie auch das Vorgängerkapitel 9.1.4, eine Besonderheit der ISO 37301.

Ursache könnte sein, dass Aufzeichnungen zu Compliancethemen eine sehr große Rechtsrelevanz besitzen und der Umgang mit ihnen als hochsensibel eingestuft wird.

Ein gesondertes Verfahren zur Aufzeichnungslenkung ist in der Norm aber nicht zwingend gefordert, sondern die Lenkung von Complianceaufzeichnungen kann in die allgemeinen Regelungen nach 7.5.3 „Lenkung dokumentierter Informationen" integriert werden, wobei den sensiblen Lenkungsanforderungen (z. B. Geheimhaltung) Rechnung zu tragen ist.

To-dos

Es sollte eine separate Liste der wesentlichen Aufzeichnungen zum CMS erstellt werden, und darin sollen die speziellen Lenkungs- und Geheimhaltungs-anforderungen für diese Art von Aufzeichnungen niedergelegt werden.

Darüber hinaus sind diese Aufzeichnungen bezüglich Zugänglichkeit, Auffindbarkeit, Archivierung, Veränderung, Datensicherung und unbefugter Nutzung zu schützen.

Hinweise

Was unter besonderen Anforderungen zur Lenkung von Complianceaufzeichnungen zu verstehen ist, ist in Anhang A.9.1.5 detailliert wiedergegeben.

Normkapitel 9.2

6.7.2 Internes Audit Kompatibilität

Kompatibilität

A – Kompatibilität hoch

Forderung des CMS

a) 9.2.1 Allgemeines

Dokumentation eines Prozesses/Verfahrens zur Planung und Umsetzung von internen Audits und den Randbedingungen, unter denen diese durchgeführt werden müssen. Die Audits sind in geplanten Abständen (mindestens jährlich) durchzuführen.

Integration ins IMS

Diese Forderung findet sich in fast gleicher Wortwahl im vergleichbaren Kapitel von ISO 9001, ISO 14001 und ISO 45001. Die bestehenden Regelungen des IMS decken die Forderungen der ISO 37301 vollständig ab.

To-dos

Der bestehende Auditprozess des IMS ist um das CMS formal zu ergänzen. Die CMS-Audits können auch integriert mit anderen Managementsystemen durchgeführt werden.

Hinweise

Detaillierte Hinweise zur Planung und Durchführung interner Audits können der Norm ISO 19011 „Leitfaden zur Auditierung von Managementsystemen" entnommen werden.

Weitere nützliche Hinweise und Muster zur effizienten Durchführung von integrierten Audits kann man der Fachbroschüre „Das integrierte Audit" entnehmen. [12]

Kompatibilität

A – Kompatibilität hoch

Forderung des CMS

b) 9.2.2 Programm des internen Audits

Aufstellen eines Auditprogramms zur Terminierung und Umsetzung von CMS-Audits in der Organisation. Die Unabhängigkeit der Auditoren ist zu gewährleisten. Die Auditergebnisse müssen als dokumentierte Information zur Verfügung stehen.

Integration ins IMS

Die bestehenden Regelungen des IMS decken die Forderungen der ISO 37301 vollständig ab.

To-dos

Der bestehende Auditprozess des IMS ist um das CMS formal zu ergänzen.

Die Ergebnisse des CMS-Auditteils müssen nicht nur der obersten Leitung, sondern auch dem obersten Organ zur Kenntnis gebracht werden.

Hinweise

Angesichts der Bedeutung einer umfassenden Überwachung zur Verhinderung von Non-Compliance ist zumindest in der Anfangsphase eines CMS (ein bis zwei Zertifizierungsperioden) die Überprüfung der Wirksamkeit des Systems und seiner Regelungen nur einmal im Jahr im Rahmen des internen Audits etwas zu wenig. Auch bei der Neueinführung von anderen Systemen wie der ISO 14001 oder ISO 45001 mit ihren großen Anteilen an Compliancerelevanzen werden bei frisch eingeführten Systemen ggf. häufiger kurze Ad-hoc-Audits durchgeführt. Diese Vorgehensweise bietet sich für begrenzte Zeiträume auch bei größeren Systemschwächen an, um das Managementsystem zu stabilisieren. Im Rahmen eines CMS handelt es sich dabei um kleine unangemeldete Audits in sehr complianceaffinen Abteilungen (Dauer max. 2 h), die das Ziel haben, Folgendes zu kontrollieren:

- Werden alle Vorgaben zur Umsetzung von compliancerelevanten Vorgängen umgesetzt?
- Werden alle Nachweise wie geplant geführt?
- Sind die Mitarbeiter hinsichtlich der Compliancerelevanz ihrer Tätigkeiten ausreichend geschult?
- Gibt es seitens der Mitarbeiter und der Auditoren erkennbares Verbesserungspotenzial in den Tätigkeiten und ihren Ergebnissen?
- Gibt es seitens der Mitarbeiter und der Auditoren erkennbare Risiken in den Tätigkeiten und ihren Ergebnissen, die zu Non-Compliance führen können?

Über die Ergebnisse der Ad-hoc-Complianceaudits sind Aufzeichnungen zu führen und gemäß Festlegung zu berichten (Kurzauditbericht).

Normkapitel 9.3

6.7.3 Managementbewertung Kompatibilität

Kompatibilität

A – Kompatibilität hoch

Forderung des CMS

a) 9.3.1 Allgemeines

Das Kapitel fordert grundsätzlich in geplanten Abständen (mindestens einmal jährlich) die Durchführung einer Managementbewertung durch die oberste Leitung und das oberste Organ.

Das CMS ist dabei hinsichtlich seiner Umsetzung in Bezug auf Eignung, Angemessenheit, Wirksamkeit, Verbesserungspotenzial und Änderungsbedarf zu bewerten.

Integration ins IMS

In den drei betreffenden Managementsystemen besteht die gleiche Grundsatzanforderung, mit einem kleinen Unterschied. In der ISO 37301 gibt es, im Unterschied zu ISO 9001, ISO 14001 und ISO 45001, neben der obersten Leitung auch noch das oberste Organ, das an der Managementbewertung zu beteiligen ist.

To-dos

Die Managementbewertung für das CMS kann integriert mit den anderen Normen des IMS durchgeführt werden.

Die Beteiligung des obersten Organs an der Managementbewertung ist zu definieren (schriftlich dokumentiert). Um die Managementbewertung integriert durchführen zu können, wäre eine Lösung wie folgt möglich:

- Die Erstellung der Managementbewertung wird für alle Systeme von der obersten Leitung wie bisher durchgeführt.
- Neu: Die Managementbewertung wird durch das oberste Organ freigegeben (per Unterschrift). Dazu reicht es formal aus, wenn ein Vorstandsmitglied als oberstes Organ die Gesamtverantwortung für das IMS übernimmt.

Hinweise

Weitere nützliche Hinweise und Muster zur effizienten Durchführung von integrierten Managementbewertungen kann man der Fachbroschüre „Das integrierte Management-Review“ entnehmen [13].

Kompatibilität

B – Kompatibilität mittel

Forderung des CMS

b) 9.3.2 Eingaben für die Managementbewertung

In die Bewertung einzubeziehen sind:

- Status von Maßnahmen der vergangenen Managementbewertung
- Veränderungen im Kontext und interessierten Kreisen
- Informationen über die Complianceleistung der letzten Periode
- Möglichkeiten zur Verbesserung der Complianceleistung und des CMS
- Änderungsbedarf am CMS
- Wirksamkeit des Berichtswesens

Integration ins IMS

Die Forderungen bezüglich der Eingangsgrößen, die der Managementbewertung zugrunde liegen, gibt es in vergleichbarer Form in den Managementsystemen des IMS auch. Zwei Eingabegrößen sind in den Managementsystemen des IMS so aber nicht vorhanden: die Unabhängigkeit der Compliancefunktion und die Angemessenheit der Compliance-Risikobeurteilung. Die anderen Eingabepunkte haben ihre Entsprechung auch in ISO 9001, ISO 14001 und ISO 45001. Bei der Bereitstellung der Informationen auf der Eingabeseite können die Eingaben der ISO 37301 denen der anderen Systeme integrativ hinzugefügt werden.

To-dos

Erstellen einer Matrix über die Eingangsgrößen des CMS in die Managementbewertung (siehe Aufzählung 9.3.2) und deren Zuordnung zu den verantwortlichen Stellen in der Organisation. Weitere Informationen in der Matrix können sein:

- Herkunftsort der Daten (z. B. Bereich/Abteilung)
- Art (z. B. manuell, automatisch) und Grundlage der Erfassung (z. B. Complianceaudit, Behördenbericht)
- Häufigkeit der Datenerfassung (z. B. täglich, monatlich)
- Art der Auswertung (z. B. statistisch, kumulativ)
- Häufigkeit der Analyse (z. B. monatlich, quartalsweise)
- Termine der Datenbereitstellung (z. B. quartalsweise, jährlich)
- Ggf. Kommentierung der Ergebnisse

Aufnahme der CMS-Themen in die integrierte Managementbewertung des IMS. Die bereits bestehende Systematik des Verfahrens zur Durchführung kann beibehalten werden.

Hinweise

keine

Kompatibilität

B – Kompatibilität mittel

Forderung des CMS

c) 9.3.3 Managementbewertungsergebnisse

Die Zufriedenheit der obersten Leitung mit den Ergebnissen des CMS soll in Maßnahmen münden, die die Complianceleistung weiter verbessern und auch das Managementsystem in seiner Funktionsfähigkeit weiter optimieren. Das Ergebnis ist zu dokumentieren.

Im Rahmen eines IMS kommt hinzu, dass die Schnittstellen zwischen den Einzelsystemen hinsichtlich ihres Verbesserungspotenzials betrachtet werden sollten.

Integration ins IMS

Die grundsätzliche Anforderung ist in den drei Systemen des IMS identisch mit der der ISO 37301. Einzig die Einzelpunkte der Ergebnisbewertung unterscheiden sich geringfügig. Im CMS sind die Entscheidungen zum KVP und zum Änderungsbedarf des CMS ein Muss. Die anderen Systeme des IMS fordern dafür detailliertere Ergebnisbewertungen.

Im Anhang A.9.3 „Managementbewertung" wird jedoch eine Empfehlung an die oberste Leitung ausgesprochen, weitere Punkte optional den Ergebnissen der Managementbewertung hinzuzufügen (z. B. Korrekturmaßnahmen bei Non-Compliance oder Anerkennung von vorbildhaftem Complianceverhalten). Die Ergebnisse zu den Empfehlungen sind auch dem obersten Organ mitzuteilen.

To-dos

Die bisherigen Ergebnisbewertungen des Managementreviews des IMS müssen um die Forderungen des CMS erweitert werden.

Dabei ist zu prüfen, ob Punkte wie Ressourcenbereitstellung oder Änderungsnotwendigkeit bei der Politik nicht auch für die anderen Systeme des IMS gelten können (Harmonisierung der Anforderungen).

Hinweise

Keine

Normkapitel 10

6.8 Verbesserung

Normkapitel 10.1

6.8.1 Fortlaufende Verbesserung

Kompatibilität

A – Kompatibilität hoch

Forderung des CMS

Die Forderung ist kurz und knapp in einem Satz beschrieben: Eignung, Angemessenheit und Wirksamkeit des CMS müssen fortlaufend verbessert werden. Die dazu notwendigen Methoden sind festzulegen.

Integration ins IMS

ISO 9001 und ISO 14001 formulieren Vergleichbares ebenso knapp. Nur die ISO 45001 spezifiziert näher die Methoden und Themen, wie fortlaufende Verbesserung operativ von der Organisation umgesetzt werden kann. Ziel der fortlaufenden Verbesserung ist es, eine Verbesserung der Prozesse und der Systemleistung der Organisation zu erreichen und nicht auf negative Ergebnisse zu warten, die dann unter Aufwand und ggf. Reputationsverlust korrigiert werden müssen.

To-dos

Die bestehenden Prozesse des IMS zur fortlaufenden Verbesserung können auf das CMS direkt übertragen werden. Dafür notwendig ist eine Erfassung der Quellen, die als Grundlage des fortlaufenden Verbesserungsprozesses (FVP) herangezogen werden können. Beispiele dazu sind im Anhang A.10.1 zu finden, z. B. Meldung von Bedenken, Audits, Managementbewertung, Compliancevorfälle. Ggf. werden weitere Quellen zum FVP schon in den anderen Managementsystemen des IMS genutzt.

Des Weiteren gibt es Hinweise, dass Verbesserungen unter Berücksichtigung angemessener Ressourcen und klarer Zuordnung von Verantwortung zu erfolgen haben. Dabei ist sicherzustellen, dass notwendige Änderungen am CMS infolge von FVP-Maßnahmen nicht zu einem Verlust an Wirksamkeit der Managementsysteme führen dürfen.

Hinweise

Im Gegensatz zu ISO 9001, ISO 14001 und ISO 45001 sowie weiteren ISO-Managementsystemnormen ist das Kapitel „Fortlaufende Verbesserung" in der ISO 37301 vor das Kapitel „Nichtkonformität und Korrekturmaßnahmen" gerückt. Mit diesem Schritt räumt die ISO der fortlaufenden Verbesserung und somit der Vermeidung von Fehlern den Vorrang vor der Behebung (Korrektur) von aufgetretenen Fehlern ein.

Das bei der ISO 9001, ISO 14001 und ISO 45001 vorangestellte Normkapitel 10.1.1 „Allgemeines" ist ganz entfallen.

Normkapitel 10.2

6.8.2 Nichtkonformität und Korrekturmaßnahmen

Kompatibilität

A – Kompatibilität hoch

Forderung des CMS

Compliancerelevante Nichtkonformitäten (Fehler) und Non-Compliance müssen durch Maßnahmen zur Überwachung und Korrektur behandelt werden. Die Behandlung umfasst:

- Überprüfung der Nichtkonformität und ihrer Bedeutung/Auswirkung
- Ursachenanalyse inkl. vergleichbaren Auftretens an anderer Stelle
- Maßnahmen zur Korrektur einleiten und deren Wirksamkeit überprüfen
- Ggf. Änderungen am Managementsystem und seinen Prozessen vornehmen

Die Korrekturmaßnahmen müssen der Bedeutung der Non-Compliance angemessen sein. Dokumentierte Informationen über die Nichtkonformität sowie die Art der Behandlung (Maßnahmen) und deren Ergebnisse sind zu führen.

Integration ins IMS

Die drei Managementsysteme des IMS erheben vergleichbare Forderungen bezüglich des Umgangs mit Fehlern. Im CMS wird der Begriff Fehler um Non-Compliance erweitert. In der Regel liegen für den Umgang mit Fehlern auch bereits ein oder mehrere dokumentierte Prozesse vor, die von der ISO 37301 mit genutzt werden können.

Im Normanhang A.10.2 sind Beispiele (siehe Aufzählung) angeführt, wie Informationen aus dem Prozess „Nichtkonformität und Korrekturmaßnahmen" Schnittstellen die anderen Prozesse des IMS tangieren (z. B. Neugestaltung von Produkten/Dienstleistungen, Erfordernisse, interessierte Parteien zu kontaktieren, oder Frühwarnung bei drohender Non-Compliance).

To-dos

Die bestehenden Prozesse sind um Detailregelungen der CMS-Forderungen zu ergänzen. Dabei ist ein Schwerpunkt der Analyse die Ursachenermittlung für das Auftreten von Fehlern/Non-Compliance.

Dabei besteht die Notwendigkeit ein Werkzeug oder Tool zu Erfassung und strukturierten Bearbeitung von erkannten Nichtkonformitäten/Fehlern einzusetzen. Dazu könnte eine Abwandlung des aus dem Qualitätsmanagement bekannten 8D-Reports zur Erfassung und Bearbeitung von Compliancefehlern oder Beinahe-Fehlern benutzt werden.

Hinweise

Die Schnittstellen zum Normenkapitel 8.4 „Untersuchungsprozesse" sind als Ausgangspunkt für mögliche Korrekturmaßnahmen zu berücksichtigen.

7 Quellen

[1] DIN EN ISO 37301:2021 – Compliance-Managementsysteme – Anforderungen mit Leitlinien zu Anwendung (ISO 37301:2021)

[2] DIN EN ISO 9001:2015 – Qualitätsmanagementsysteme – Anforderungen (ISO 9001:2015)

[3] DIN EN ISO 14001:2015 – Umweltmanagementsysteme – Anforderungen mit Anleitung zur Anwendung (ISO 14001:2015)

[4] DIN EN ISO 45001:2018 – Managementsystem für Sicherheit, Gesundheit bei der Arbeit – Anforderungen mit Anleitung zur Anwendung (ISO 45001:2018)

[5] Deutsches Institut für Compliance e. V. (DICO) – www.dico-ev.de

[6] Gallup-Studie 2019 „The Real Future of Work"

[7] Fleig, Jürgen: Mit dem Kano-Modell die Kundenzufriedenheit messen. www.business-wissen.de/hb/mit-dem-kano-modell-die-↩ kundenzufriedenheit-messen/

[8] Walter Schlegel, Stefan Pawils: Die ISO 37301:2021 – Interpretation der Anforderungen. TÜV Media, 2021 – www.tuev-media.de/↩ die-iso-37301:2021

[9] Kallmeyer, Wolfgang: Chancen nutzen, Risiken überwachen. TÜV Media, 2021 – www.tuev-media.de/chancen-nutzen---risiken-ueberwachen

[10] akademie.tuv.com/themen/compliance

[11] Regierungsentwurf zum Hinweisgeberschutzgesetz (HinSchG) – www.bmj.de/SharedDocs/Gesetzgebungsverfahren/DE/↩ Hinweisgeberschutz.html

[12] Kallmeyer, Wolfgang: Das integrierte Audit. TÜV Media 2018 – www.tuev-media.de/das-integrierte-audit

[13] Kallmeyer, Wolfgang: Das integrierte Management-Review. TÜV Media 2021 – www.tuev-media.de/das-integrierte-management-review